Aviation Bookstore
aviation step by step

AF866464

Examen

Piloto Comercial de Avión

Aviation Bookstore
aviation step by step

Edición 2

Publicado por Nuria Rocio Balduzzi Raimondi
Aviation Bookstore ®

El contenido de este libro se desarrolla con fines educativos y de formación profesional. Texto original de autoría humana.

Introducción

Si estás por rendir el examen de piloto comercial de avión, esta obra te resultará de mucha ayuda. Con el correr de las páginas pondremos a prueba tus conocimientos para la obtención de la primera licencia aeronáutica, tu licencia de Piloto Comercial de Avión.

El formato de este libro se divide en dos secciones. La primera basada en un banco de preguntas relativas a los conocimientos teóricos mínimos que debería tener un estudiante para aprobar su examen. La segunda sección, un innovador sistema de simulación del examen práctico en vuelo con el evaluador (inspector de la autoridad aeronáutica), donde deberás seleccionar muy cuidadosamente los pasos a seguir para lograr aprobar tu examen.

Una obra sin precedentes, única en el mercado. Aprenderás todo lo necesario para lograr aprobar tu examen real y obtener tu primera licencia aeronáutica.

Capt. Facundo Conforti

Aviation Bookstore
aviation step by step

Aviation Bookstore

aviation step by step

Capítulo 1

Conocimientos teóricos para Piloto Comercial

Introducción

En esta sección encontrarás un banco de preguntas referentes a los aspectos mas relevantes para la licencia de Piloto Comercial. Recuerda, en ocasiones podrás encontrar una pregunta con varias respuestas correctas, pero intenta leer bien a cada una de ellas, ya que siempre existirá una que sea mas correcta que el resto.

Al final de este capítulo encontrarás una serie de figuras que utilizaras como referencia en varias de las preguntas de esta sección.

Cartografía IFR

Haremos referencia a las cartas de salida o SIDs, a las cartas de ingresos o STARs y a las cartas de aproximación o APPROACH Charts.

01.- Según la figura 1, la carta corresponde a:

A. Una salida instrumental estandarizada.
B. Un ingreso instrumental estandarizada.
C. Una aproximación instrumental estandarizada.

¡Recuerda! Las cartas de salida representan una trayectoria de vuelo desde el aeropuerto hacia las aerovías; las cartas de ingreso una trayectoria inversa a la anterior; y las cartas de aproximación una trayectoria que llegará hasta un punto previo al aterrizaje.

02.- Según la figura 1, la carta tiene validez desde:

A. 25 de julio de 2008.
B. 31 de julio de 2008.
C. Desde inicios de 2008.

Recuerda! Las cartas de procedimientos instrumentales poseen una fecha de creación y una fecha de entrada en vigencia, desde la cual, es legal comenzar a utilizarla.

03.- Según la figura 1, la distancia desde Aeroparque (SABE) hasta la posición KUKEN es de:

A. 13.0 NM.
B. 42.0 NM.
C. 25.0 NM.

04.- Según la figura 1, el procedimiento de atenuación de ruido indica que la primera reducción de potencia debe realizarse a:

A. Requerimiento del piloto según la performance del avión.
B. Al alcanzar los 800 FT.
C. Esta carta no posee un procedimiento de atenuación de ruido.

¡Recuerda! Los procedimientos de atenuación de ruido están previsto en aeropuertos rodeados de ciudades o urbanizaciones, zonas donde la contaminación sonora de los motores pueda afectar a la calidad de vida de las personas o animales en tierra.

05.- Según la figura 1, para llegar a la posición PAPIX desde la pista 31 de SABE (Aeroparque), la trayectoria a seguir será:

A. Rumbo 040°, luego rumbo 097°, luego rumbo 054° hacia la posición PAPIX.
B. Rumbo 310°, luego rumbo 040°, luego radial FDO097, luego radial EZE054 hasta la posición PAPIX.
C. Rumbo 040°, luego radial FDO114, luego radial EZE054D36NM hacia la posición PAPIX.

Recuerda! En primer lugar, localiza el punto de tu interés en la carta (PAPIX). Seguido a ello, observa toda la trayectoria dibujada desde la pista, e identifica a todos los puntos que intervienen en el trayecto. ¡Así no fallarás!

06.- Según la figura 1, la carta requiere una gradiente inicial mínima de ascenso de:

A. 1000 FT/MIN.
B. 3.3%.
C. 5.0%.

07.- Según la figura 1, esta carta lleva el nombre de:

A. DORVO 7, KUKEN 7, LA PLATA 7 Y SURBO 7.
B. El nombre de la carta corresponde a su numeración 40-3A.
C. El nombre de la carta dependerá de la posición para realizar el ascenso inicial.

08.- Según la figura 1, la carta representa las distancias:

A. En NM a escala real.
B. En NM sin escala.
C. En NM con los valores reales según las distancias por GPS.

¡Recuerda! En el ámbito aeronáutico las unidades de medidas para las distancias son las millas náuticas NM (nautical miles)

09.- Según la figura 2, la carta de ingreso inicia en:

A. La posición KUKEN.
B. La posición PAPIX.
C. En KUKEN, PAPIX o SURBO según sea la procedencia.

10.- Según la figura 2, la distancia desde el aeropuerto de San Fernando hasta el Aeropuerto de Buenos Aires (aeroparque SABE) es:

A. 11 NM.
B. 35.1 NM.
C. No existe una distancia declarada en la carta.

Recuerda! En la mayoría de las cartas de vuelo instrumental, las distancias se representan desde un punto a otro. En algunos casos acompañadas de la letra D (distance); y en otros casos, solo el valor numérico de la cantidad de NM. Es posibles que encuentras algunos tramos de vuelo sin una distancia declarada, pero busca bien, en algún sector de la carta encontrarás esta información

11.- Según la figura 2, la carta de ingreso tiene como destino final aproximar a:

A. El aeropuerto SABE para ambas pistas.
B. El aeropuerto SABE para pista 13.
C. Tanto para el aeropuerto SABE como para el aeropuerto SAEZ en todas sus pistas.

12.- Según la figura 2, existe una limitación de velocidad para la utilización de la carta y es de:

A. No existe ninguna restricción publicada, salvo la propia de cada aeronave según su respectiva performance.
B. 250 KT por debajo de nivel de vuelo 100.
C. Dependerá de la limitación operacional de cada aeronave y como máximo 250 KT dentro del área terminal.

¡Recuerda! Toda limitación y/o aclaración importante que la carta deba informar, lo hará mediante un recuadro negro con letras blancas; o bien, mediante el uso de letras mas gruesas (tipo negrita) para lograr resaltar la información respecto de toda el resto.

13.- Según la figura 3, la carta corresponde a una:

A. Aproximación de "Precisión".
B. Aproximación de "No precisión".
C. Aproximación sin importar el grado de precisión de la misma.

Recuerda! Esta suele ser una duda muy común. La diferencia entre las cartas de precisión y las cartas de no precisión, es que las primeras ofrecen una asistencia radioeléctrica para la trayectoria de vuelo horizontal (navegación) y para la trayectoria de vuelo vertical (planeo). Las de no precisión solo te guiarán radioeléctricamente en el plano horizontal.

14.- Según la figura 3, la MSA de la carta es de:

A. 3000 FT sobre la radiobaliza N.
B. 3000 FT sobre el NDB "Quilmes" ILM.
C. 3000 FT en un radio de 25 NM del aeropuerto de destino.

15.- Según la figura 3, el FAF de la carta se encuentra:

A. Sobre el NDB "Quilmes" ILM.
B. No existe FAF publicado.
C. Sobre FDO134/18.3

16.- Según la figura 3, el obstáculo mas elevado del sector tiene una altura de:

A. 1053 FT.
B. 2050 FT.
C. 3000 FT según la MSA.

¡Recuerda! Los obstáculos más significativos en la superficie se representan con dibujos, y el más alto suele tener una flecha que lo señala junto a la altura que posee en pies.

17.- Según la figura 3, la MDA de la carta es:

A. 790 FT.
B. 775 FT.
C. 790 FT a 3.2 NM del ILS AE.

18.- Según la figura 4, la carta corresponde a una:

A. Aproximación de "Precisión".
B. Aproximación de "No precisión".
C. Aproximación sin importar el grado de precisión de la misma.

19.- Según la figura 4, la carta posee el IAF en:

A. QIT VOR.
B. QNV VOR.
C. IQN ILS.

Recuerda! El IAF (initial approach fix) es el punto desde donde se debe iniciar el procedimiento. En la carta suele identificarse con las letras IAF y podrás encontrar más de uno en diferentes puntos del diagrama de la carta.

20.- Según la figura 4, la carta posee el FAF en:

A. R360QIT D8.0.

B. QNV VOR.

C. R180QNV D5.5IQN.

21.- Según la figura 4, y con 1900 mts de visibilidad reducida por lluvia, el procedimiento podría continuar:

A. No podría continuar ya que su visibilidad mínima es de 2000 metros de visibilidad.

B. Únicamente si el sistema de luces de aproximación se encuentra completamente operativo y sin limitaciones.

C. Únicamente si el techo de nubes se encuentra por encima del valor mínimo conocido como DA, que para este caso es de 8100 FT. Caso contrario debería hacer un escape.

¡Recuerda! El sistema de luces visuales de aproximación se conoce con el nombre de ALS (approach landing system) y se toma en cuenta como referencia para determinan la visibilidad mínima.

22.- Según las figura 4 y 5, ambas presentan una altitud mínima que refieren a una MDA y DA, estas representan:

A. MDA: altitud mínima de decisión. DA: altitud de decisión.

B. MDA: altitud mínima de descenso. DA: altitud de descenso.

C. MDA: altitud mínima de descenso. DA: altitud de decisión.

23.- Según la figura 5, la capa de transición en el Aeropuerto de la ciudad de México se encuentra:

A. Entre los niveles 195 y 205.
B. Entre los niveles 195 y 175.
C. Entre 18500 FT y el nivel de vuelo 195.

24.- Según la figura 5, el procedimiento inicia desde dos posiciones diferentes, una de ellas es:

A. La posición ALKOM.
B. Sobre MEX053D20.0.
C. SLM VOR.

Recuerda! Los IAF representan los puntos de inicio del procedimiento, y podrás encontrar más de uno con indicados con las letras IAF.

25.- Según la figura 5, la altura mínima de descenso en el procedimiento de aproximación final es de:

A. 7900FT.
B. 584FT.
C. 8700FT en la posición VASOS.

¡Cuidado! Esta es una pregunta algo engañosa. Observa al carta en detalle y analiza las opciones.

26.- Según la figura 5, la altura mínima de descenso en el procedimiento de aproximación final para la pista 05 es de:

A. 7960FT.
B. 644FT.
C. Esta carta no brinda información para la pista 05, únicamente para las pistas 23R y 23L.

27.- Según la figura 5, el FAF, conocido como "Final Approach Fix", se encuentra en:

A. La posición VASOS.
B. A las 10.0 NM del VOR MEX a una altitud de 10200FT.
C. En la posición ALKOM al iniciar el procedimiento.

Recuerda! A diferencia del IAF que puede aparecer en varios sectores de la carta, el FAF existe en un solo lugar y representa el inicio de la trayectoria final en descenso. En algunos casos se representa con una cruz de malta.

28.- Según la figura 5, el procedimiento de aproximación frustrada deberá iniciarse:

A. Sobre MEX VOR.
B. En cualquier momento que el piloto no tenga la pista a la vista.
C. En cualquier momento del procedimiento.

29.- Según la figura 5, la actitud de descenso de una aeronave volando a 130KT y aproximando a la pista 23R, debería ser:

A. VS -690.
B. VS -637.
C. VS -643.

¡Cuidado! Estos valores suelen ser sugeridos en la carta, pero no son mandatorios para la aproximación

30.- Según las figura 17 y 6, el rumbo correcto para volar directo a la posición VANAR es:

A. 317°.
B. 300°.
C. 250°.

31.- Según las figura 17 y 7, el rumbo correcto para volar directo a la posición GESTA es:

A. 255°.
B. 279°.
C. 090°.

32.- El control solicita volar directo a FDO VOR y posterior realizar una espera en el radial 210 por izquierda. Según la figura 6, el tipo de incorporación a la espera será:

A. Directa.
B. Gota de Agua.
C. Vuelo Paralelo.

Recuerda! Considerando estas tres formas de ingresar a una espera, ten en cuenta lo siguiente: todas las esperas que se representen de la mitad del instrumento hacia arriba (sector superior) serán "gota de agua" o "vuelo paralelo"; mientras que todas las que se representen de la mitad para abajo (sector inferior) serán una incorporación directa.

33.- El control solicita volar directo a FDO VOR y posterior realizar una espera en el radial 135 por izquierda. Según la figura 6, el tipo de incorporación a la espera será:

A. Directa.
B. Gota de Agua.
C. Vuelo Paralelo.

34.- Según las figura 2 y 6, el rumbo correcto para volar directo a la posición SURBO es:

A. 105°.
B. 090°.
C. 135°.

¡Recuerda! Estos procedimientos de vuelos directos a un punto fijo son de uso cotidiano en las actividades aerocomerciales. Es muy importante que tengas bien en claro estos procedimientos para evitar confusiones en pleno vuelo. En el libro *"Procedimientos VOR"* de esta colección podrás encontrar un detalle de estos y todos los procedimientos radioeléctricos.

35.- Según las figura 2 y 8, el rumbo correcto para volar directo a la posición PAPIX es:

A. 090°.
B. 076°.
C. 060°.

36.- Según las figura 4, los mínimos de visibilidad con el sistema de luces de aproximación fuera de servicio son:

A. 1600 Metros.
B. 2000 Metros.
C. Las luces de aproximación no modifican los Mínimos.

37.- Según las figura 4, el procedimiento ILS para la pista 08 del aeropuerto internacional de la ciudad de Quito:

A. Requiere obligatoriamente el DME asociado al VOR.
B. Requiere obligatoriamente el DME asociado al ILS.
C. Requiere un DME pero no de manera obligatoria.

Recuerda! Todas las limitaciones, requerimientos e información que afecte a la operación del procedimiento, siempre estará destacada en un recuadro negro, o con letras diferenciales (negrita, etc). No olvides prestar especial atención a estos mensajes, ya que su información podría limitar a tu procedimiento.

Meteorología Avanzada

Uno de los mayores riesgos en aviación son los factores meteorológicos extremos, y en algunos casos pocos conocidos. Saber de ellos ayudará a conocer su comportamiento y las consecuencias que puedan traer a la seguridad del vuelo.

38.- Referidos al fenómeno conocido como "Windshear", se puede definir como:

A. Un Cambio en la dirección o velocidad del viento, causando un cambio en la velocidad del vuelo mayor a 15KT o en la velocidad vertical mayor a 500FT/MIN.
B. Un Cambio en la velocidad del viento, causando un cambio en la velocidad vertical mayor a 500FT/MIN.
C. Un Cambio en la dirección del viento, causando un cambio en la velocidad del vuelo (TAS) y en la velocidad vertical (VS).

¡Cuidado! Los incidentes y/o accidentes en aviación causados por windshear lideran las estadísticas ya que suceden en una etapa crítica del vuelo, en la aproximación final, previo al aterrizaje, a baja altura y poca potencia.

39.- Que condición de Windshear daría como resultante una disminución de la velocidad:

A. Un incremento en el viento de frente y de cola.
B. Un incremento en el viento de frente y una disminución en el viento de cola.
C. Una disminución en el viento de frente y un incremento en el viento de cola.

Recuerda! Ante la posibilidad de experimentar una situación de windshear, siempre es recomendable discontinuar la aproximación.

40.- Una de las características principales de windshear es:

A. Puede estar asociada tanto a un cambio en la dirección del viento como a un cambio en su velocidad, en cualquier nivel.
B. Puede estar asociada tanto a un cambio en la dirección del viento como a un cambio en su velocidad, únicamente por debajo de nivel de vuelo 200.
C. Puede estar asociada a un cambio en la dirección del viento o a un cambio en su velocidad, en cualquier nivel.

41.- Ante una tormenta, el mayor peligro de windshear puede ser encontrado:

A. Justo al frente de la formación de CB's con precipitaciones intensas y actividad eléctrica.
B. En todos los lados de la formación de CB's y especialmente por debajo de las celdas de la tormenta.
C. Por encima de la formación de CB's con riesgos de ráfagas descendentes y especialmente dentro de las celdas.

42.- Un fenómeno de Windshear posee una ciclo de vida y su duración estimada es de:

A. Hasta 15 minutos desde su formación a su disipación.
B. Aproximadamente 5 minutos dependiendo de la temperatura de la atmosfera y la presión.
C. Entre 5 y 10 minutos, según la formación de los CB's y su actividad eléctrica.

43.- Referidos a los peligros de la formación de hielo, cual es su efecto mas riesgoso para una aeronave?

A. La formación de hielo en una aeronave incrementa el PITCH con tendencia de descenso.
B. La formación de hielo sobre el perfil alar incrementa el AOA por aumento de STALL.
C. La formación de hielo en una aeronave incrementa la peligrosamente la velocidad de perdida.

44.- La formación del conocido como "hielo claro" se da cuando:

A. La temperatura exterior es menor a -25°C.
B. La temperatura exterior esta entre 0°C y -10°C.
C. La temperatura exterior se ubica en rangos negativos.

Recuerda! La meteorología no es exacta, puede variar a cada minuto. Ante un reporte meteorológico desfavorable, siempre será recomendable aguardar a una mejora en los valores meteorológicos antes de iniciar toda actividad de vuelo.

45.- Referidos a una turbulencia severa, que clase de nubes podrían indicar la presencia de turbulencia extremadamente intensa?

A. Nimbostratos.
B. Standing Lenticular.
C. Cirrocúmulos.

46.- Las nubes medias son aquellas que se ubican entre:

A. 6500 FT y 23000 FT.
B. 4500 FT y 18000 FT.
C. 8500 FT y 25000 FT.

Aerodinámica

El comportamiento de una aeronave que vuela dentro de una masa de aire ofrece diferentes variables, algunas de ellas pueden ser controladas por el piloto, otras simplemente suceden. Es importante que el piloto comprenda lo que sucede cuando un objeto (avión) se introduce dentro de una masa de aire y genera fenómenos físicos.

47.- Referidos al numero de MACH, podemos definirlo como:

A. Un valor de velocidad que se obtiene al dividir la TAS sobre la velocidad del sonido.
B. Un valor de velocidad preestablecido en los manuales del operador y es independiente de la TAS.
C. Un valor de velocidad obtenido según la altitud, la temperatura y la velocidad verdadera del aire.

¿Sabías que...? Los aviones comerciales de gran porte suelen utilizar el número de Mach como referencia luego de superar determinados niveles superiores de vuelo. Por ejemplo, en el fabuloso Airbus A320, la velocidad recomendada de turbulencia es 0.76 Mach, un valore referencial de su manual de vuelo.

48.- Si una aeronave vuela a M0.7, se considera que la misma:

A. Esta volando a 700 KM/HR.
B. Esta volando al 70% de la velocidad del sonido.
C. Esta volando a MACH 07, un valor predeterminado.

49.- El vuelo subsónico se ubica en el siguiente rango de MACH:

A. Entre M0.5 y M0.99.
B. Entre M0.15 y M1.0.
C. Por debajo de M0.75.

50.- En una aeronave de gran porte, el objetivo de los GROUND SPOILERS es:

A. Frenar el avión sobre la pista lo antes posible.
B. Generar una resistencia adicional al aterrizar.
C. Reducir la sustentación de las alas al aterrizar.

Recuerda! Los spoilers son superficies secundarias de control que se despliegan hacia arriba sobre las alas y funcionar como un freno por impacto de aire. Muy efectivos durante la carrera de aterrizaje y en un despegue abortado.

Factores Humanos

En la aviación comercial es habitual que las cabinas de vuelo sean compartidas por dos o mas pilotos, esto hace que el domino y conocimiento de los factores humanos en cabinas compartida sea muy importante para la seguridad de las operaciones.

51.- Referidos al “Error Humano”, el CRM lo define como:

A. Una amenaza constante que esta en todos lados y que siempre existirá.
B. Una amenaza que existe pero puede ser evitada si el piloto se apega a los procedimientos.
C. Una potencial amenaza que deja de serlo cuando se toman las precauciones necesarias para evitar el error.

52.- Referidos al modelo del “Queso Suizo” de “James Reason”:

A. Hace referencia a que existen barrera previas al error, por las cuales un incidente podría evitarse.
B. Hace referencia a las diferentes etapas de prevención que se pueden originar para evitar el error humano.
C. Refiere a todas las barreras que el error humano debe atravesar hasta alcanzar un incidente o accidente.

53.- Referidos a la “Conciencia Situacional”, se define como:

A. Un estado consiente de lo que sucede en el vuelo.
B. Una percepción correcta y continua de todas las variables de un vuelo y de uno mismo como ser humano.
C. Un estado de alerta constante donde se tiene en cuenta lo sucedido con anterioridad y lo que sucede en el presente.

¿Sabías que...? La pérdida de la conciencia situacional durante una situación de riesgo dentro de la cabina de mando, es uno de los principales factores de incidentes en aviación.

54.- El proceso de "Toma de Decisión" se define como:

A. La definición de un problema, recopilación de datos, generación de alternativas y selección del curso de acción.
B. La selección del curso de acción a seguir, según el análisis de las alternativas y de la conveniencia.
C. La selección de la mejor alternativa para llevar adelante el curso de acción que resuelva un conflicto.

55.- El proceso de "Toma de Decisión" esta formado por las siguientes etapas en su orden correcto:

A. Análisis del problema. Elección de una alternativa. Tomar acción según conveniencia.
B. Definición de un problema. Análisis del problema. Evaluar alternativas. Elección de la alternativa. Aplicar la decisión.
C. Ante un problema, evaluar la alternativa optima y accionar.

56.- Referidos al "Liderazgo", la principal diferencia entre un líder y un jefe es:

A. No existe diferencia alguna, ambas figuras conducen al equipo
B. Un líder delega tareas a su equipo por un beneficio grupal. Un jefe ordena tareas a su equipo por un beneficio especifico.
C. Un líder conduce a su grupo. Un jefe ordena a sus empleados buscando un beneficio individual.

Recuerda! Este proceso se basa en el conocimiento y experiencia de cada piloto. Permíteme recomendarte que leas nuestro excelente libro "Toma de Decisión en Aviación", sin dudas, te resultará muy útil y entretenido.

Sistema ILS

Una operación ILS se divide en diferentes categorías para su aproximación. Esta segmentación ayuda a las operaciones aéreas ante situaciones meteorológicas extremadamente complejas.

57.- Un sistema de ILS se divide en diferentes categorías (CAT 1, CAT 2 y CAT 3), dependiendo de:

A. La clase de aeropuerto, el equipo del avión, la certificación del operador y el entrenamiento de la tripulación.
B. La visibilidad horizontal sobre la pista y la DH.
C. La certificación del aeropuerto exclusivamente.

58.- Un sistema ILS es formado por:

A. Dos antenas, la del Localizador y la del Glide Slope.
B. Tres antenas, la del LOC, la del GS y la del VOR.
C. Por cinco antenas: LOC. GS. OM. MM. IM

¿Sabías que…? Los pilotos de líneas aéreas deben revalidar sus conocimientos sobre las aproximaciones ILS en sus tres categorías dentro de un simulador de vuelo, al menos, una vez al año.

59.- Las operaciones "AWO" conocidas como "All Weather Operations", involucran a:

A. Todas las operaciones con visibilidad reducida por algún fenómeno significativo.
B. Todas las operaciones de ILS con o sin visibilidad reducida pero dentro de cualquier condición meteorológica.
C. A las operaciones: ILS CAT I, II, III, LVTO y LVTAXI.

60.- La medición del RVR se obtiene mediante el trabajo de los "Transmisómetros" e informan al piloto:

A. El rango de visibilidad horizontal en la aproximación final.
B. El rango de visibilidad horizontal en la pista.
C. El rango de visibilidad horizontal a partir de la DH.

Recuerda! El valor del RVR se obtiene en los reportes Metar, o bien, mediante un reporte específico del controlador de tránsito aéreo.

61.- Se define como "Área Critica de ILS" a:

A. Un área de dimensiones definidas alrededor de las antenas del localizador y del glideslope.
B. Una zona de protección de la pista durante operaciones ILS.
C. Un sector del aeropuerto donde puede producirse interferencias con las antenas del ILS.

62.- Los mínimos meteorológicos operacionales para un procedimiento ILS CAT I son:

A. DA: 190 FT. VISIBILIDAD: 1500 MTS. RVR: no necesita.
B. DA: 200 FT. VISIBILIDAD: 800 MTS. RVR: 550 MTS
C. DA: por encima de 100 FT. VISIBILIDAD: 2000MTS.

63.- En una operación ILS, la diferencia entre DA y DH es:

A. DA es la altura de decisión y la DH es la altitud de decisión.
B. DA es la altitud mínima de descenso y la DH es la altitud de decisión.
C. DA es la altitud de decisión y la DH es la altura de decisión.

64.- Se define a AH (alert Height) a la altura:

A. Altitud de alerta sobre la pista medida por radio altímetro.
B. Altura de alerta sobre la pista medida por radio altímetro.
C. Altura justo antes de la pista para iniciar un "escape".

Recuerda! Estos valores se definen para otorgar un margen de seguridad y decidir si la aproximación continúa o no.

65.- Según la figura 9, el diagrama sobre la calle de rodaje y de color amarillo, indica:

A. Un área critica de un ILS.
B. Un área sensible de un ILS.
C. El punto de espera de la pista en uso en operaciones ILS CAT.

66.- Según la figura 10, la DA para un ILS CAT II es de:

A. 100 FT.
B. 108 FT.
C. 101 FT.

Recuerda! En las cartas IFR, las alturas y altitudes se expresan en pies; y las distancias horizontales de visibilidad se expresan en metros con la letra m.

67.- Según la figura 11, la DA para un ILS CAT II es de:

A. 111 FT.
B. 116 FT.
C. 100 FT.

68.- Según la figura 12, el FAF del ILS se encuentra:

A. D14.0 DOZ.
B. D11.5 DOZ.
C. D9.0 DOZ.

Operaciones en tiempo frío

Toda operación en tiempo frio demanda un nivel de precaución extra sobre una operación normal. Riesgos de engelamiento y pistas contaminadas, so uno de los factores que pueden afectar a una operación en tiempo frio extremo.

69.- Las operaciones en tiempo frio extremo se verán afectadas:

A. Durante las fases de taxi, despegue y aterrizaje.
B. Durante todas las fases de una operación.
C. Desde antes de la puesta en marcha hasta apagar los motores.

70.- Una condición de formación de hielo se puede presentar:

A. Cuando la OAT es < a 10°C en tierra y TAT < a 10° en vuelo.
B. Cuando la TAT es < a 10°C.
C. Cuando la OAT es < a 10°C en vuelo.

71.- Según OACI se define a una pista contaminada a aquella que:

A. Posee por lo menos el 25% de la superficie cubierta con nieve, hielo compacto, agua y capa de hielo de por lo menos 20mm.
B. Posee mas del 50% de su superficie cubierta por nieve compacta, agua o una capa de hielo de por lo menos 20mm.
C. Posee mas del 75% de su superficie cubierta de agua o nieve en cualquiera de sus estados y espesor.

¿Sabías que...? Las operaciones en pistas contaminadas son de alto riesgo y representan un factor influyente en las estadísticas de incidentes y accidentes en aviación. Las líneas aéreas y los fabricantes de aeronaves cuentan con procedimientos operativos específicos para mitigar estos riesgos.

72.- Los procedimientos para remover los contaminantes como hielo y nieve sobre un avión:

A. Los define el comandante como autoridad máxima.
B. Los define el manual del fabricante.
C. Lo define el equipo de mantenimiento en tierra según el lugar.

73.- En las operaciones en tiempo frio, el procedimiento de DE-ICE consiste en:

A. Prevenir la formación de hielo en futuras operaciones.
B. Remover la formación de hielo adherida a la aeronave.
C. Ambas respuestas son correctas.

74.- En las operaciones en tiempo frio, el procedimientos de ANTI-ICE consiste:

A. Prevenir la formación de hielo en todas las operaciones.
B. Remover las formación de hielo adherida a la aeronave.
C. Ambas respuestas son correctas.

¿Sabías que...? Las operaciones anteriores se realizan con camiones especiales que se ubican en la plataforma junto al avión y rocían los químicos sobre todas las superficies de la aeronave con grandes mangueras, similar a los camiones de bomberos.

75.- Los procedimientos de DE-ICE y ANTI-ICE utilizan diferentes clases de fluidos para su efectividad y se denominan:

A. Fluidos de tipo 1 y 2.
B. Fluidos de tipo 1, 2 y 3.
C. Fluidos de tipo 1, 2, 3 y 4.

Operación en ruta

76.- Según las altitudes mínimas de vuelo, se define MSA a:

A. La altitud mínima de un sector en un radio de 25NM sobre un punto de referencia y 1000 FT por encima de cualquier obstáculo.
B. La altura mínima de un sector en un radio de 30NM sobre un punto de referencia y 2000 FT por encima de cualquier obstáculo en zona de montaña.
C. La altura mínima de un sector en un radio de 25NM sobre un punto de referencia con 1000 FT por encima de cualquier obstáculo en ciudad y 2000 sobre montaña.

Recuerda! Es muy importante respetar todos los límites de altitudes que se establecen en las cartas de navegación aérea. Estos responde a criterios de seguridad a nivel mundial y establecidos por la OACI (organización de aviación civil internacional). Estos valores suelen estar expresados en pies, pero podrías encontrar algunos expresados en metros, según el modelo de carta que puedas utilizar.

77.- Según las altitudes mínimas de vuelo, se define MOCA a:

A. La altitud mínima libre de obstáculo dentro del TMA.
B. La altitud mínima libre de obstáculos en una aerovía.
C. La altitud mínima libre de obstáculos fuera de una aerovía.

78.- Según las altitudes mínimas de vuelo, se define MCA a:

A. La altitud mínima de cruce en la intersección de dos aerovías.
B. La altitud mínima de cruce en la intersección de dos TMA.
C. La altitud mínima de cruce en la intersección cualquier punto, ya sean dos aerovías, dos TMA, dos SID o simplemente dos waypoint en un punto determinado.

79.- Según las altitudes mínimas de vuelo, se define MRVA a:

A. La altitud mínima restringida de vuelo.
B. La altitud mínima de vuelo con radio altímetro.
C. La altitud mínima de vuelo para vector radar.

80.- Según las altitudes mínimas de vuelo, se define MEA a:

A. La altitud mínima de vuelo en ruta.
B. La altitud mínima de vuelo en condiciones VMC.
C. La altitud mínima para un vuelo a la estima.

¿Sabías que...? Es posible realizar un vuelo visual basado en una carta de navegación instrumental, siempre y cuando, mantengas contacto permanente con el terreno.

81.- Según las altitudes mínimas de vuelo, se define MORA a:

A. La altitud mínima de vuelo fuera de ruta para superar obstáculos naturales.
B. La altitud mínima de vuelo fuera de ruta y sin control radar.
C. La altitud mínima de vuelo fuera de ruta y en IMC.

82.- Según las altitudes mínimas de vuelo, GRID MORA es:

A. La altitud mínima de vuelo fuera de ruta para superar obstáculos naturales y obstáculos creados por el hombre.
B. La altitud mínima de vuelo fuera de ruta para superar cualquier obstáculo volando bajo control radar.
C. La altitud mínima de vuelo fuera de ruta para superar cualquier obstáculo natural pero en condiciones de escasa visibilidad durante un vuelo IMC.

Recuerda! Es posible volar fuera de la ruta planificada y expresada en la carta de navegación, e incluso por debajo de los mínimos declarados, pero siempre y cuando, el control de tránsito aéreo así lo autorice y mientras que el piloto mantenga contacto visual con el terreno en todo momento.

83.- Según las altitudes mínimas de vuelo, se define MRA a:

A. La altitud mínima restringida en un área determinada.
B. La altitud mínima restringida de vuelo.
C. La altitud mínima de recepción de una radio ayuda.

84.- Según las altitudes mínimas de vuelo, se define MHA a:

A. La altitud mínima de espera asegurando la correcta recepción de radio ayudas.
B. La altitud mínima de espera asegurando recepción de radio ayudas, comunicaciones y área libre de obstáculos.
C. La altitud mínima de vuelo para realizar esperas con el fin de optimizar la performance de cada aeronave.

85.- Según la figura 13, en la aerovía V300, la MEA es:

A. 11.900FT.
B. 11.400FT.
C. 9.600FT.

¿Sabías que…? Las aerovías son similares a las carreteras de los autos, existen algunas que ofrecen un único sentido de tránsito y otras que ofrecen un doble sentido de tránsito. En todos los casos se nombran con una letra y un número.

86.- Según la figura 13, en la aerovía V300, la MOCA es:

A. 11.900FT.
B. 11.400FT.
C. 9.600FT.

87.- Según la figura 13, en la aerovía V300, la MRA es:

D. 11.900FT.
E. 11.400FT.
F. 11.000FT.

88.- Según la figura 14, para volar desde el VOR LDS hasta el VOR DUR, la ruta correcta es:

A. A305. W19. Distancia total de 137 NM.
B. A306. W19. Distancia total de 147 NM.
C. A305. W19. Distancia total de 167 NM.

89.- Según la figura 15, la ruta mas cercana para volar desde el VOR GUA hasta el NDB SVO es:

A. Vuelo directo desde GUA VOR hasta SVO NDB.
B. GUA VOR – ROS VOR – SUSTA – SVO NDB.
C. GUA VOR – PAR VOR – SUSTA – SVO NDB.

Recuerda! Existen distancias parciales y totales expresadas en las cartas de navegación IFR. Para obtener la distancia total deberá sumar todas las distancias desde el origen al destino. Pero ten cuidado, es habitual confundirse y sumar dos veces una distancia parcial con la distancia total.

90.- Según la figura 15, para volar desde el VOR GUA hasta el NDB SVO en una aeronave con una velocidad de 215 KT, tardaría:

A. 51 minutos.
B. 44 minutos.
C. Dependiendo de la distancia en si el vuelo es directo.

91.- Según la figura 15, para volar desde Sauce Viejo hacia Paraná en un vuelo IFR, la ruta será:

A. No existe aerovía desde Sauce Viejo hacia Paraná.
B. Se debería realizar un vuelo IFR fuera de Aerovía.
C. QDR 154. W20.

Motores aeronáuticos

Un turbohélice es un tipo de motor de turbina que mueve una hélice. Comparado con un turborreactor, los gases de escape apenas contienen energía para producir un empuje significativo. Es el punto intermedio entre un motor alternativo y un turborreactor.

92.- El rango optimo de operación de un turbohélice se encuentra:

A. Desde el nivel del mar hasta los 18.000 FT.
B. Entre 18.000 FT y 30.000 FT.
C. Por encima de 20.000 FT.

93.- En un turbohélice el empuje lo proporciona:

A. En un 90% la hélice y en un 10% los gases de escape.
B. En un 50% la hélice y en un 50% los gases de escape.
C. En un 100% la hélice. A diferencia de un reactor que su empuje lo proporciona en un 100% la tobera de escape.

94.- En los parámetros de motor de un turbohélice, la indicación de nombre ITT, refiere a:

A. La temperatura dentro de la turbina.
B. La temperatura dentro del compresor.
C. La temperatura entre la turbina compresora y la turbina libre o turbina de potencia.

95.- En los parámetros de motor de un turbohélice, la indicación TORQUE, hace referencia a:

A. La medición de la potencia de la turbina.
B. El torque aplicado sobre el eje de la turbina medido en pies por libras.
C. La medición de la fuera con la que la turbina del compresor ejerce su potencia.

96.- En los parámetros de motor de un turbohélice, la indicación N1 o Ng, refiere a:

A. El porcentaje de las revoluciones del motor.
B. El porcentaje de las revoluciones de la turbina.
C. El porcentaje general del trabajo en un turbohélice.

97.- Según la figura 16, la sección indicada con el numero uno se muestra en el instrumento:

A. Medidor de ITT.
B. Medidor de N1.
C. Medidor de TORQUE.

98.- Según la figura 16, la sección indicada con el numero dos se muestra en el instrumento:

A. Medidor de ITT.
B. Medidor de N1.
C. Medidor de TORQUE.

99.- Según la figura 16, la sección indicada con el numero tres se muestra en el instrumento:

A. Medidor de ITT.
B. Medidor de N1.
C. Medidor de TORQUE.

100.- En un turbohélice, el paso de la hélice en la posición "bandera" hare referencia a:

A. La posición de la hélice en la que genera mayor tracción en caso de un escape.

B. La posición de la hélice ofrece la menor resistencia.
C. La posición de la hélice ofrece la menor tracción a una resistencia normal. Utilizada en caso de falla de motor.

¡Buen trabajo! Has logrado llegar al final del cuestionario. A continuación encontrarás las respuestas correctas.

Espacios Aéreos RVSM

Los espacios aéreos RVSM son operados con el fin de optimizar los niveles de vuelo en zonas aerovías muy transitadas. Usualmente operados por las líneas aéreas.

101.- Un espacio aéreo RVSM se define como:

A. Un espacio aéreo donde la separación vertical entre aeronaves es de 2000 FT.
B. Un espacio aéreo donde la separación entre aeronaves es de 1000 FT.
C. Un espacio aéreo donde la separación entre aeronaves es de 500 FT y es exclusivo para uso de líneas aéreas comerciales.

102.- Un espacio aéreo RVSM se ubica entre los niveles de vuelo:

A. FL 210 y FL 290.
B. FL 290 y FL 380.
C. FL 290 y FL 410.

¿Sabías que…? La creación de los espacios aéreos RVSM han significado una mejora importante en el flujo de tráficos de la actividad aérea comercial. Si bien, el principal objetivo de esta

implementación ha sido maximizar la seguridad en las operaciones, lo cierto es que se ha logrado un incremento en el flujo de tránsito aéreo a nivel mundial.

103.- Para pode volar en un espacio aéreo RVSM, una aeronave debe contar mínimamente con:

A. Un sistema doble de piloto automático y un radio altímetro.
B. Dos sistemas independientes de medición de altitud.
C. Un transponder.

104.- Una aeronave sin el equipamiento mínimo requerido para volar en un espacio aéreo RVSM:

A. No podrá volar dentro de un espacio aéreo RVSM.
B. Podrá volar dentro de un espacio aéreo RVSM por un tiempo limitado.
C. Podrá volar dentro de un espacio aéreo RVSM siempre y cuando el control adopte una separación mínima de 2000 FT entre esta aeronave y cualquier otra.

1-05.- Toda aeronave que desee volar dentro de un espacio aéreo RVSM deberá:

A. Contar con la aprobación de la autoridad aeronáutica.
B. Contar únicamente con el equipamiento mínimo.
C. Contar con el permiso del control de transito aéreo.

Recuerda! Para volar dentro de un espacio aéreo RVSM, la compañía aérea, la aeronave, y la tripulación debe contar con las certificaciones y la capacitación correspondiente. Esto estará a cargo de la autoridad aeronáutica de cada país.

106.- Cuando una aeronave certificada para volar RVSM, durante un vuelo pierde parte de su equipamiento mínimo y requerido, deberá:

A. Notificar inmediatamente al control de transito aéreo, quien podrá permitir que la aeronave continúe en espacio aéreo RVSM si no existen otras aeronaves.
B. Notificar al control de transito aéreo únicamente si se decide abandonar el espacio aéreo RVSM.
C. Notificar a la autoridad aeronáutica luego del arribo y detallando el equipamiento que ha quedado inoperativo.

ILS Categoría II-III

Las operaciones ILS de categoría 2 y 3, ayudan a las aeronaves a continuar con el vuelo cuando las condiciones meteorológicas son marginales para una operación ILS de categoría 1. A diferencia de un ILS tradicional (CAT I), los procedimientos ILS CAT 2 y 3 exigen una mayor precisión en la aproximación, tanto de la tripulación como de los equipos.

107.- Para operar un procedimiento de ILS CAT II o CAT III, deberán contar con la habilitación correspondiente:

A. La tripulación, el aeropuerto y el avión.
B. La tripulación, el aeropuerto, el avión y el explotador.
C. La tripulación y el aeropuerto únicamente.

108.- Los mínimos meteorológicos para un ILS CAT II son:

A. DA: 100 FT. RVR: 550 MTS. VISIBILIDAD: 1200 MTS.
B. DH: 100 FT. RVR: 370 MTS. VISIBILIDAD: 0 MTS.
C. DA: 100 FT. RVR: 370 MTS. VISIBILIDAD: 800 MTS.

109.- Los mínimos meteorológicos para un ILS CAT III son:

A. DA: 50 FT. RVR: 350 MTS. VISIBILIDAD: 400 MTS.
B. DH: 50 FT. RVR: 270 MTS. VISIBILIDAD: 100 MTS.
C. DH: 0 FT. RVR: 210 MTS. VISIBILIDAD: 0 MTS.

110.- La principal diferencia entre un ILS CAT III A, B y C es:

A. La diferencia de valores respecto de la DH.
B. La diferencia de valores respecto a la visibilidad.
C. La diferencia de valores respecto al RVR.

111.- En el caso de que durante una aproximación ILS CAT II, el equipo de abordo sufra una falla y no cumpla con la precisión mínima, la tripulación deberá:

A. Cancelar el procedimiento anunciando sus intenciones al control de transito.
B. Continuar aproximando visual o cambiar a una aproximación de no precisión.
C. Degradar la aproximación a un ILS CAT I.

112.- Se prevé realizar una aproximación ILS CAT II en el aeropuerto internacional de la ciudad de Sao Paulo. Al selecciona la frecuencia del ATIS, los pilotos reciben la siguiente información:

SBGR 172000Z 05015G25KT 3/8ST R10/400MTS –RA BKN008

Según esta información:

A. No se podrá realizar un ILS CAT II por estar por debajo del los mínimos requeridos para tal operación.
B. Se podrá realizar un ILS CAT II.
C. Se podría realizar un ILS CAT II con un RVR de 500MTS.

113.- Según la figura 10, el procedimiento ILS CAT II inicia:

A. En la posición DONGI.
B. En la posición GAVUG.
C. En la posición NOVA.

114.- Según la figura 10, el MAP se encuentra en:

A. No posee MAP.
B. La radio baliza MM.
C. La radio baliza IM.

¡Recuerda! Hasta llegar al MAP, el piloto puede volar sin tener contacto visual con la pista, pero al llegar a este punto deberá tomar la decisión de discontinuar la aproximación o seguir con el aterrizaje.

115.- Según la figura 18, respecto a la velocidad de al aeronave en el procedimiento ILS CAT II:

A. No posee restricción alguna.
B. Posee una restricción de 200KT desde la posición NOVA.
C. Las limitaciones serán las propias de cada aeronave.

116.- Según la figura 10, la altura de decisión será de:

A. 100 FT.
B. 111 FT.
C. 116 FT.

117.- Según la figura 18, el procedimiento ILS CAT II requiere un techo de nubes mínimo de:

A. Los procedimientos ILS CAT II no requieren techo mínimo.
B. 250 FT con el sistema de luces de aproximación operativo.
C. 100 FT.

118.- Según la figura 19, el procedimiento ILS CAT II debe iniciarse en:

A. La posición LOBUS.
B. La posición D10.2 IJCH.
C. La posición SIMUR.

Recuerda! Es posible que encuentres más de un IAF en una misma carta de aproximación instrumental.

119.- Según la figura 19, si el DME del ILS se encuentra fuera de servicio, el procedimiento:

A. Puede continuar restringido a condiciones VMC.
B. No puede continuar a menos que el control lo autorice.
C. No puede continuar de ninguna manera.

120.- Según la figura 19, la altura de decisión para una aproximación ILS CAT II es de:

A. 106 FT.
B. 100 FT.
C. 146 FT.

121.- Según la figura 19, la elevación de la cabecera de la pista en uso es:

A. 113 FT.
B. 46 FT.
C. 53 FT.

122.- Considerando los limites de una operación ILS CAT IIIC, los mínimos operativos son:

A. DA: 0 FT. RVR: 200 MTS. VISIBILIDAD: 200 MTS.

B. DH: 0 FT. RVR: 0 MTS. VISIBILIDAD: 0 MTS.
C. DH: 0 FT. RVR: 100 MTS. VISIBILIDAD: 100 MTS.

123.- En los procedimientos de ILS CAT II y CAT III se denomina "Cabina Estéril" a:

A. La fase de la aproximación donde no se puede hacer correcciones y únicamente se pueden leer las listas.
B. La fase de máxima concentración de la tripulación, donde únicamente deben controlar los parámetros de la aproximación y realizar un escape si alguno de ellos se aparta de lo establecido. Solo se pueden leer las listas de chequeo.
C. La fase de la aproximación desde los 1000 FT de altura hasta el terreno, donde la única acción a tomar es un escape en caso de ser necesario.

124.- Durante la fase de cabina estéril, cruzando los 500FT, el comandante no responde a un "Call Out" luego de dos intentos. En este caso el copiloto debería:

A. Tomar el control y realizar un escape.
B. Tomar el control y aterrizar la aeronave.
C. Tomar el control hasta que el comandante reaccione.

125.- Según la figura 20, la radio baliza principal de este procedimiento ILS CAT II III es:

A. SFO VOR.
B. IGWQ.
C. Ambas radio balizas son necesarias para realizar la carta.

126.- Según la figura 20, el procedimiento da inicio en la posición:

A. CEPIN.
B. AXMUL.
C. MENLO.

127.- Según la figura 20, la restricción de velocidad para inicia el procedimiento es de:

A. En todos los IAF MAX 230KT.
B. Dependiendo del IAF puede o no tener una limitación de velocidad.
C. 230 KT y 4000FT como mínimo.

128.- Según la figura 20, la altura mínima de decisión para el procedimiento ILS CAT III:

A. DH: 113 FT.
B. DH: 100 FT..
C. NO DH.

129.- Según la figura 21, únicamente puede ser realizada por:

A. Tripulaciones y aeronaves certificada para tal procedimiento.
B. Aeronaves certificadas para ILC CAT III.
C. Compañías aéreas certificadas por la autoridad aeronáutica para la operación de procedimientos ILS CAT II y CAT III.

130.- Según la figura 21, la altura mínima de decisión para un ILS CAT IIIA es:

A. 1650 FT.
B. NO DH.
C. 100 FT.

131.- Según la figura 21, volando a una velocidad de 150KT en la senda del GS:

A. La VS debería ser de -900.
B. La VS debería ser de -700.
C. La VS debería ser de -800.

132.- Según la figura 21, el procedimiento de aproximación frustrada debe ser:

A. Directo a PEFOR.
B. Ascenso a FL050, directo a PEFOR.
C. Ascenso a 5000 FT, directo a PEFOR.

Low Visibility Procedures

133.- Haciendo referencia a los conocidos como "Low Visibility Procedures" (LVP), encontramos las siguientes variables:

A. LVP para operaciones de rodaje y para operaciones de despegue, únicamente.
B. LVP para rodaje, despegue y aterrizaje.
C. LVP únicamente para rodaje.

134.- Según la figura 22, el procedimiento del Aeropuerto Internacional de Santiago de Chile corresponde a:

A. Un procedimiento LVP para rodaje previo al despegue.
B. Un procedimiento LVP para rodaje posterior al aterrizaje.
C. Un procedimiento LVP para rodaje en cualquier situación.

135.- Según la figura 22, el punto indicado con las letras HS, hace referencia a:

A. HOT SPOT o punto donde la tripulación puede confundir las calles de rodaje en un procedimiento LVP.
B. HOT SPOT o punto donde han ocurrido incidentes y funcionan como advertencia para evitar futuros incidentes.
C. HOLDING SPOT o punto de espera por intersección de calles de rodaje.

136.- Según la figura 22, la señal de parada o STOP BAR se grafican o identifican con:

A. Un dibujo de puntos intermitentes.
B. Dos puntos unidos por una línea.
C. Una línea recta e intermitente.

¡Recuerda! Es importante que el piloto conozca todas las marcar en la superficie de un aeropuerto, a fin de respetar las limitaciones operacionales en cada caso, y en post a la seguridad operacional.

137.- Según la figura 22, el procedimiento de rodaje en baja visibilidad puede llevarse a cabo:

A. En cualquier calle de rodaje con un RVR inferior a 550MTS.
B. En todas las calles, excepto D con un RVR inferior a 550MTS
C. Únicamente en las calles de rodajes que corresponda según la pista en uso.

138.- Según la figura 23, el procedimiento de rodaje en baja visibilidad para el Aeropuerto Internacional de Ezeiza es:

A. Para todas sus pistas.
B. Únicamente para la pista 11.
C. Únicamente para las pistas 11 y 29.

139.- Según la figura 23, el VOR CHECK POINT esta ubicado en:

A. La calle de rodaje D.
B. La calle de rodaje H.
C. La plataforma comercial.

140.- Según la figura 23, el procedimiento de rodaje en baja visibilidad puede llevarse a cabo:

A. En cualquier calle de rodaje con un RVR inferior a 400MTS.
B. En todas las calles, excepto A y B con un RVR inferior a 400MTS
C. Únicamente en las calles de rodajes que corresponda según la pista en uso.

141.- Rodando en un procedimiento de baja visibilidad, la tripulación se encuentra con un HS critico. En este caso podrían:

A. Detener el avión hasta tanto la visibilidad mejore.
B. Seguir detrás de otra aeronave para usarla como referencia.
C. Solicitar al control de superficie, el "Follow Me Car".

142.- Según las operaciones LVP, OACI determina que los procedimientos de "Low Visibility Takeoff (LVTO)" se realicen:

A. Cuando el RVR es menor a 400 Mts y mayor a 75 Mts.
B. Cuando el RVR es menor a 500 Mts y mayor a 50 Mts.
C. Cuando el RVR es menor a 550 Mts y mayor a 100 Mts.

143.- Los procedimientos de LVTO requieren:

A. Una capacitación teórica y practica en simulador.
B. Una capacitación practica en simulador.
C. Una certificación especial por parte de la autoridad.

Conocimientos del Avión

144.- Referidos al parabrisas de un avión de fuselaje ancho, son los denominados "Multicapa" y están compuesto por:

A. Capas de vidrio templado y capas de polivinilo.
B. Capas de vidrio templado, láminas de oro y capas de polivinilo.
C. Únicamente por capas de vidrio templado.

145.- Referidos al sistema de tren de aterrizaje, el mismo se clasifica según el numero de ruedas que posea y su disposición. Pueden ser:

A. Tren triciclo.
B. Tren triciclo y cuatriciclo.
C. Tren triciclo, cuatriciclo y multiciclo

146.- La clasificación del tren triciclo presenta una configuración:

A. Una "pata" al frente y dos principales detrás.
B. Una "pata" al frente y dos principales detrás con la cantidad de ruedas que sean necesarias.
C. Una "pata" al frente y dos principales detrás. Cada pata podrá tener su propia configuración de ruedas según limitaciones propias de la operación de la aeronave.

147.- Se denomina hidroplaneo a:

A. Al deslizamiento de las ruedas sobre una pista con agua, barro u otro contaminante.
B. Al vuelo sin potencia aplicada sobre una capa o superficie de agua durante un periodo determinado.
C. Al deslizamiento de las ruedas sobre una pista cubierta de agua.

¡Recuerda! El hidroplaneo es una de las causas de la pérdida de control de una aeronave en la fase crítica de la carrera de despegue o aterrizaje.

148.- Referidos al hidroplaneo, podemos encontrar tres clases:

A. Hidroplaneo suave. Hidroplaneo medio. Hidroplaneo duro.
B. Hidroplaneo dinámico. Hidroplaneo viscoso. Hidroplaneo de derrape.
C. Hidroplaneo estático. Hidroplaneo de resistencia. Hidroplaneo de ruedas bloqueadas.

149.- Referidos a los dispositivos hipersustentadores, los SLATS son aletas en el borde de ataque de un ala y:

A. Pueden ocupar el mismo borde de ataque junto con ortos dispositivos como los FLAPS.
B. Deben estar solos ubicados en el borde de ataque de un ala sin ningún otro dispositivo hipersustentador.
C. Pueden estar ubicados en el borde de fuga de un ala siempre y cuando no existan otros dispositivos como los FLAPS.

150.- Referidos al vuelo automatizado y a sus protecciones, podemos definir “Alpha Protection” como:

A. Protección del máximo alcance de la velocidad,
B. Protección del máximo alcance del ángulo de ataque.
C. Protección del máximo alcance de inclinación alar.

Respuestas Correctas

01. (A)	23. (C)	46. (A)	69. (C)
02. (B)	24. (B)	47. (A)	70. (A)
03. (C)	25. (C)	48. (B)	71. (A)
04. (B)	26. (A)	49. (C)	72. (C)
05. (B)	27. (A)	50. (C)	73. (B)
06. (C)	28. (A)	51. (A)	74. (A)
07. (C)	29. (A)	52. (C)	75. (C)
08. (B)	30. (B)	53. (B)	76. (A)
09. (C)	31. (A)	54. (A)	77. (B)
10. (A)	32. (C)	55. (B)	78. (A)
11. (B)	33. (B)	56. (B)	79. (C)
12. (B)	34. (A)	57. (B)	80. (A)
13. (B)	35. (C)	58. (A)	81. (A)
14. (A)	36. (B)	59. (C)	82. (A)
15. (C)	37. (A)	60. (B)	83. (C)
16. (A)	38. (A)	61. (A)	84. (B)
17. (C)	39. (C)	62. (C)	85. (A)
18. (A)	40. (A)	63. (C)	86. (B)
19. (A)	41. (B)	64. (A)	87. (C)
20. (C)	42. (A)	65. (C)	88. (B)
21. (B)	43. (C)	66. (B)	89. (C)
22. (C)	44. (B)	67. (B)	90. (B)
22. (C)	45. (B)	68. (C)	91. (C)

92. (B)
93. (A)
94. (C)
95. (B)
96. (B)
97. (C)
98. (A)
99. (B)
100. (B)
101. (B)
102. (C)
103. (B)
104. (C)
105. (A)
106. (A)
107. (B)
108. (B)
109. (C)
110. (C)
111. (C)
112. (B)
113. (C)
114. (A)
115. (B)
116. (A)
117. (C)
118. (A)
119. (C)
120. (B)
121. (B)
122. (B)
123. (C)
124. (A)
125. (B)
126. (C)
127. (C)
128. (C)
129. (A)
130. (B)
131. (C)
132. (C)
133. (B)
134. (C)
135. (A)
136. (B)
137. (B)
138. (B)
139. (A)
140. (B)
141. (C)
142. (A)
143. (A)
144. (B)
145. (C)
146. (A)
147. (A)
148. (B)
149. (A)
150. (B)

SABE/AEP
JORGE NEWBERY
AEROPARQUE

JEPPESEN BUENOS AIRES, ARGENTINA

25 JUL 08 (40-3A) Eff 31 Jul **SID**

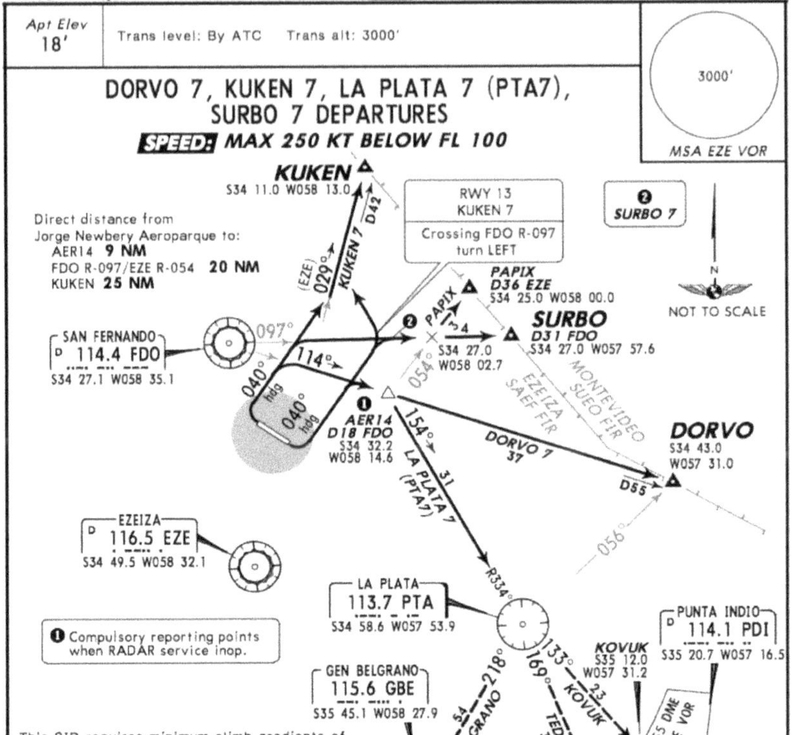

This SID requires minimum climb gradients of 5.0% to **1000'**, 3.3% **1000'** to **2000'**.

Gnd speed-KT	75	100	150	200	250	300
3.3% V/V(fpm)	251	334	501	668	835	1003
5.0% V/V(fpm)	380	506	760	1013	1266	1519

NOISE ABATEMENT PROCEDURE

1. With take-off power and the speed that corresponds to each aircraft (V2 +10 KT, V2 +15 KT, etc.) reach **800'**.
2. Starting at **800'** use climbing power and begin flap retraction.

SID	INITIAL CLIMB
DORVO 7	**Rwy 13:** Turn LEFT on 040° heading to intercept FDO R-114 to DORVO. **Rwy 31:** Turn RIGHT on 040° heading to intercept FDO R-114 to DORVO.
KUKEN 7	**Rwy 13:** Turn LEFT on 040° heading until crossing FDO R-097, turn LEFT and intercept EZE R-029 to KUKEN. **Rwy 31:** Turn RIGHT on 040° heading and intercept EZE R-029 to KUKEN.
LA PLATA 7	**Rwy 13:** Turn LEFT on 040° heading to intercept FDO R-114 to AER14, turn RIGHT on PTA R-334 to PTA. **Rwy 31:** Turn RIGHT on 040° heading to intercept FDO R-114 to AER14, turn RIGHT on PTA R-334 to PTA.
SURBO 7	**Rwy 13:** Turn LEFT on 040° heading to intercept FDO R-097 to SURBO. **Rwy 31:** Turn RIGHT on 040° heading to intercept FDO R-097 to SURBO.

TRANSITIONS

BELGRANO	Turn on course 218° to GBE.
KOVUK	Turn on 133° course to KOVUK.
PAPIX	Intercept EZE R-054 to PAPIX.
TEDAR	Turn on 169° course to TEDAR.

Figura 1

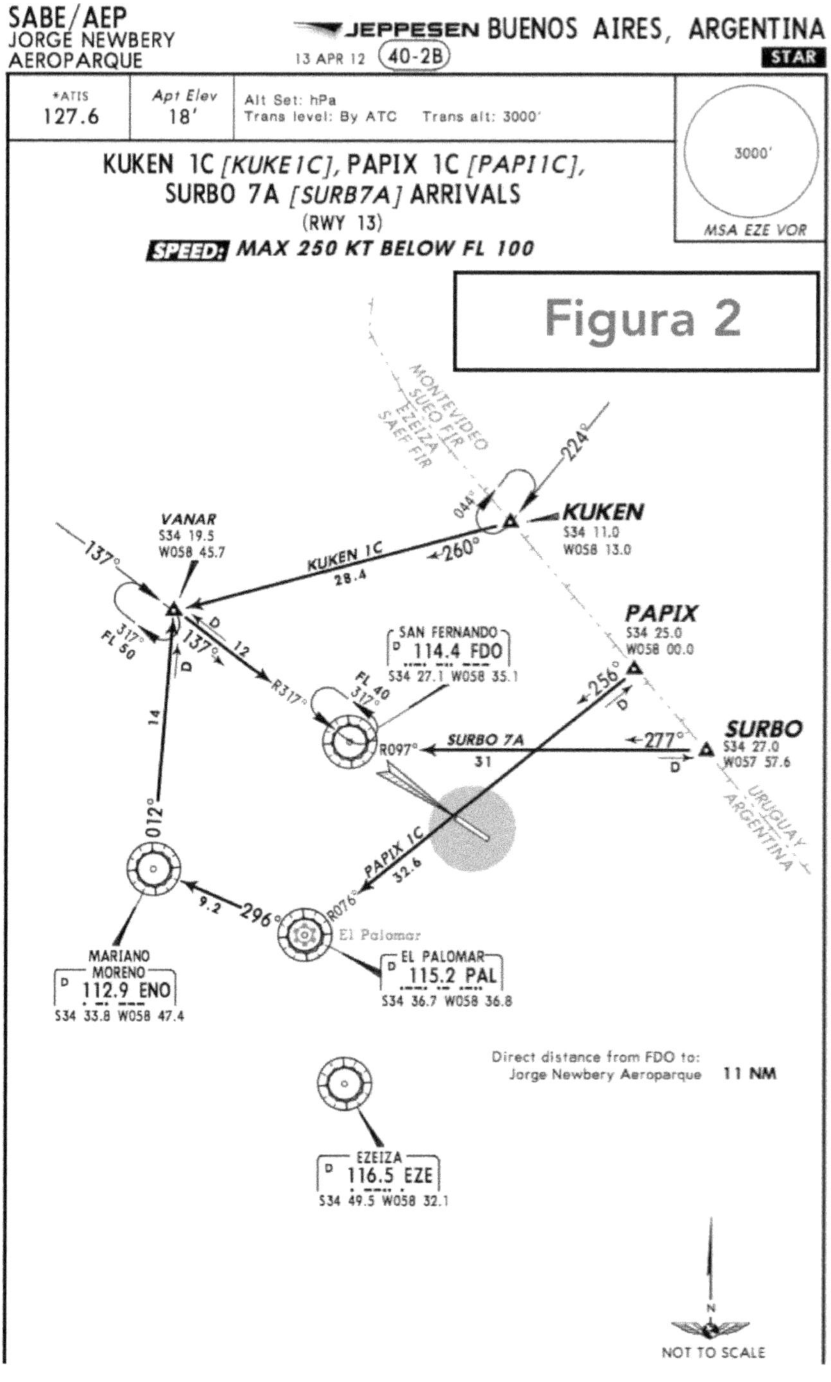
SABE/AEP
JORGE NEWBERY
AEROPARQUE
JEPPESEN BUENOS AIRES, ARGENTINA
13 APR 12 40-2B
STAR
*ATIS 127.6
Apt Elev 18'
Alt Set: hPa
Trans level: By ATC Trans alt: 3000'
3000'
MSA EZE VOR
KUKEN 1C [KUKE1C], PAPIX 1C [PAPI1C],
SURBO 7A [SURB7A] ARRIVALS
(RWY 13)
SPEED: MAX 250 KT BELOW FL 100
Figura 2
MONTEVIDEO SUEO FIR
EZEIZA SAEF FIR
224°
044°
KUKEN
S34 11.0
W058 13.0
260°
KUKEN 1C
28.4
VANAR
S34 19.5
W058 45.7
137°
317°
FL 50
137°
12
D
SAN FERNANDO
D 114.4 FDO
S34 27.1 W058 35.1
FL 40
317°
R317°
PAPIX
S34 25.0
W058 00.0
256°
D
SURBO
S34 27.0
W057 57.6
277°
D
SURBO 7A
31
R097°
URUGUAY
ARGENTINA
14
012°
PAPIX 1C
32.6
R076°
9.2
296°
El Palomar
MARIANO MORENO
D 112.9 ENO
S34 33.8 W058 47.4
EL PALOMAR
D 115.2 PAL
S34 36.7 W058 36.8
Direct distance from FDO to:
Jorge Newbery Aeroparque 11 NM
EZEIZA
D 116.5 EZE
S34 49.5 W058 32.1
N
NOT TO SCALE

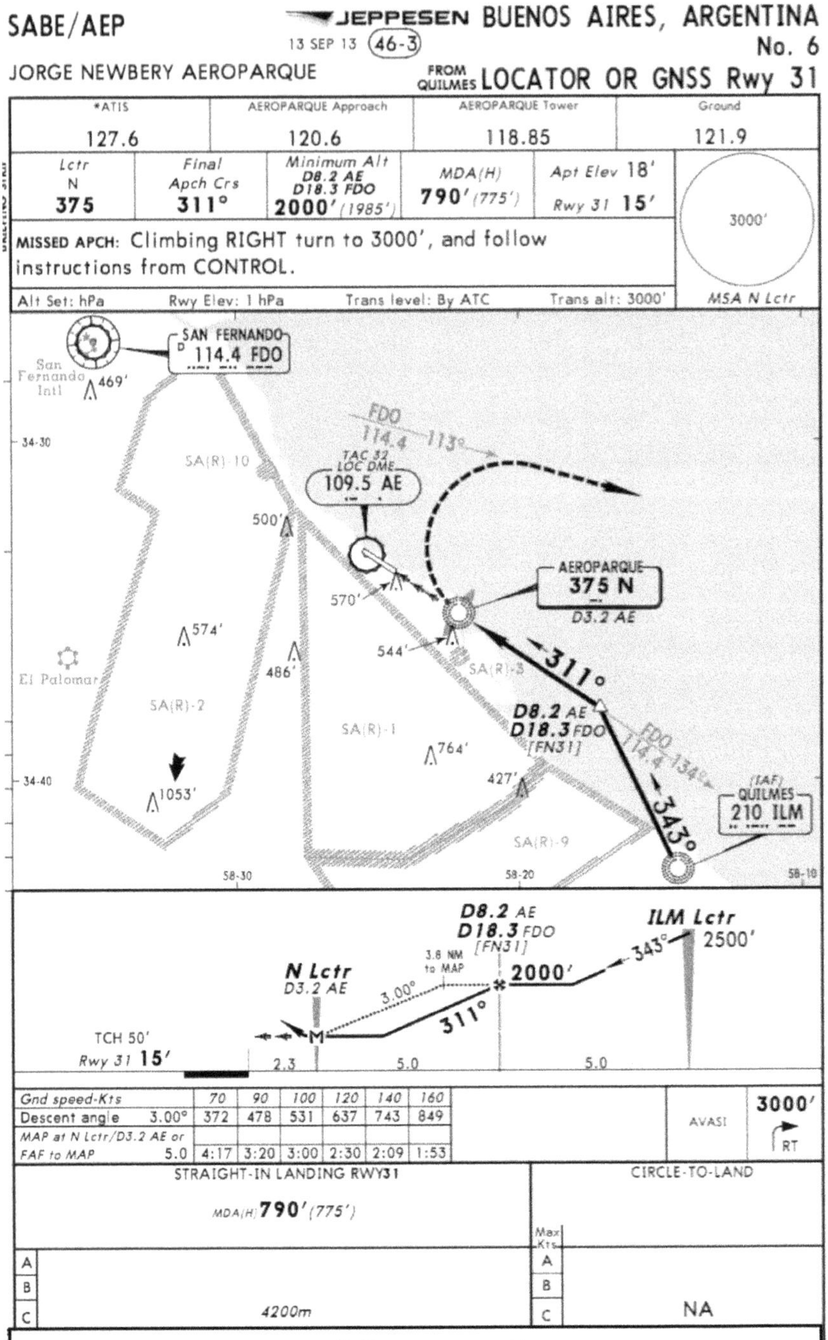
SABE/AEP
JEPPESEN BUENOS AIRES, ARGENTINA
13 SEP 13 (46-3)
No. 6
JORGE NEWBERY AEROPARQUE
FROM QUILMES LOCATOR OR GNSS Rwy 31
*ATIS 127.6
AEROPARQUE Approach 120.6
AEROPARQUE Tower 118.85
Ground 121.9
Lctr N 375
Final Apch Crs 311°
Minimum Alt D8.2 AE D18.3 FDO 2000' (1985')
MDA(H) 790' (775')
Apt Elev 18'
Rwy 31 15'
3000'
MSA N Lctr
MISSED APCH: Climbing RIGHT turn to 3000', and follow instructions from CONTROL.
Alt Set: hPa
Rwy Elev: 1 hPa
Trans level: By ATC
Trans alt: 3000'
SAN FERNANDO D 114.4 FDO
San Fernando Intl
469'
34-30
FDO 114.4 113°
TAC 32 LOC DME 109.5 AE
SA(R)-10
500'
570'
AEROPARQUE 375 N
D3.2 AE
574'
544'
486'
SA(R)-3
311°
El Palomar
SA(R)-2
SA(R)-1
D8.2 AE
D18.3 FDO
[FN31]
764'
FDO 114.4 134°
34-40
1053'
427'
(IAF) QUILMES 210 ILM
343°
SA(R)-9
58-30
58-20
58-10
D8.2 AE
D18.3 FDO
[FN31]
ILM Lctr
2500'
343°
3.8 NM to MAP
2000'
N Lctr
D3.2 AE
3.00°
311°
TCH 50'
Rwy 31 15'
2.3
5.0
5.0
Gnd speed-Kts 70 90 100 120 140 160
Descent angle 3.00° 372 478 531 637 743 849
MAP at N Lctr/D3.2 AE or FAF to MAP 5.0 4:17 3:20 3:00 2:30 2:09 1:53
AVASI
3000' RT
STRAIGHT-IN LANDING RWY31
MDA(H) 790' (775')
A
B
C
4200m
CIRCLE-TO-LAND
Max Kts
A
B
C
NA

Figura 3

SEQM/UIO — JEPPESEN — MISSED APCH CLIMB GRADIENT MIM 4.0% — QUITO, ECUADOR

MARISCAL SUCRE INTL — 23 MAY 14 — Eff 29 May — 11-2 — ILS Y Rwy 18

ATIS	QUITO Approach (R)	QUITO Tower	Ground
118.9	119.7 121.2	118.1	121.9

LOC IQN	Final Apch Crs	GS D5.5 IQN	ILS DA(H)	
111.1	180°	9700' (1924')	8100' (324')	Apt Elev 7910' Rwy 18 7776'

MSA QIT VOR: 14,000' / 17,300' / 18,000' / 17,000'

BRIEFING STRIP™

MISSED APCH: Climb direct to cross QSV VOR at or above 11200', turn RIGHT to 344° course to QIT VOR and climb to 18000' or proceed acording to ATC instructions.

Alt Set: hPa — Rwy Elev: 254 hPa — Trans level: FL 180 — Trans alt: 18000'

1. VOR/DME required. 2. Terrain dips on final approach near threshold runway 18/36.

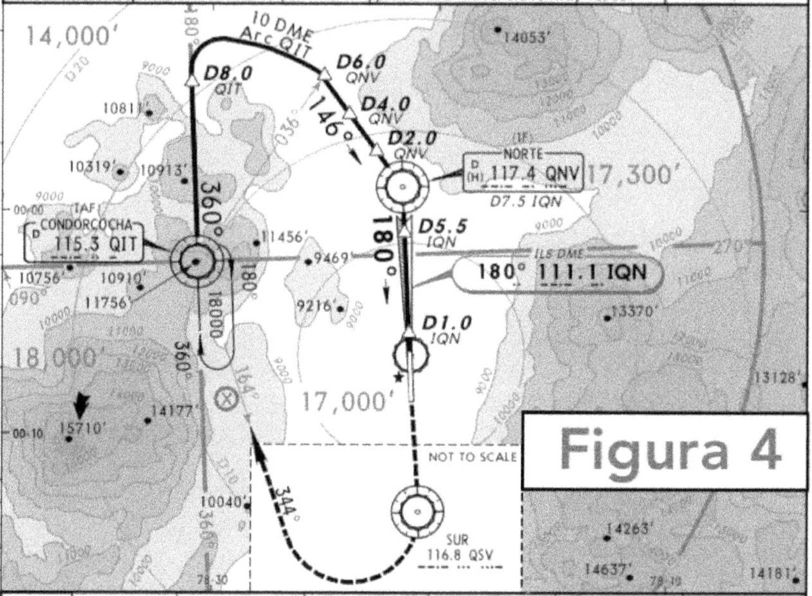

Figura 4

LOC (GS out)	IQN DME	5.5	5.0	4.0	3.0	2.0
	ALTITUDE	9700'	9520'	9170'	8820'	8470'

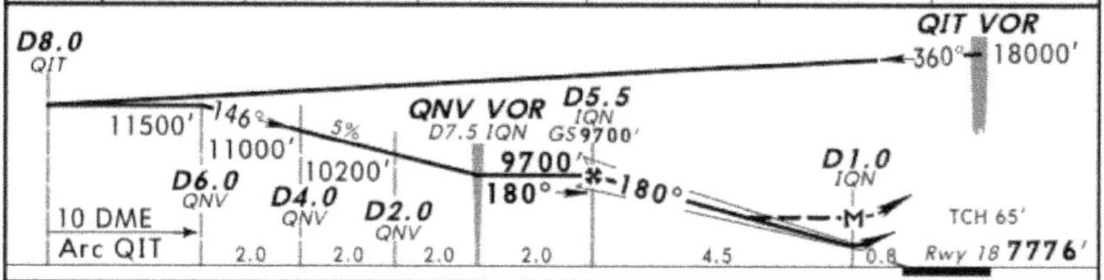

Gnd speed-Kts		120	140	160	180
ILS GS	3.2°	679	793	906	1019
LOC Descent Angle	3.29°	699	815	931	1048
MAP at D1.0 IQN or D5.5 IQN to MAP	4.5	2:15	1:56	1:41	1:30

SALS — PAPI — 11200' — QSV 116.8

	STRAIGHT-IN LANDING RWY18 Missed apch climb gradient mim 4.0%				CIRCLE-TO-LAND RWY18 Not Authorized East of Airport	
	ILS DA(H) 8100' (324')		LOC (GS out) MDA(H) 8350' (574')			
PANS OPS	FULL	ALS out		ALS out	Max Kts	MDA(H)
C	1600m	2000m	2000m	2500m	180	9600' (1690')-8000m
D					205	9900' (1990')-8000m

CHANGES: Reindexed.

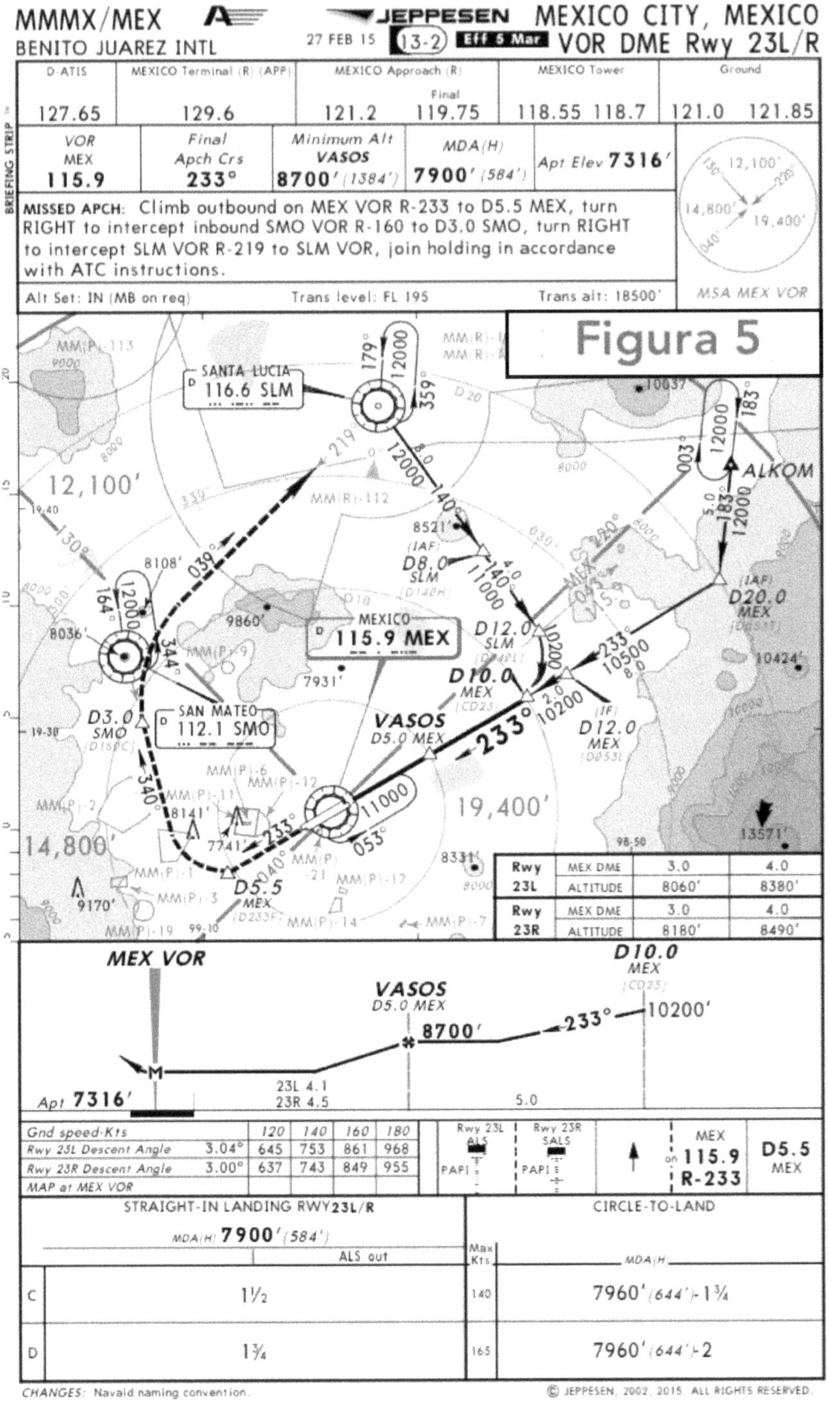

MMMX/MEX
BENITO JUAREZ INTL
JEPPESEN
27 FEB 15
13-2
Eff 5 Mar
MEXICO CITY, MEXICO
VOR DME Rwy 23L/R
D-ATIS 127.65
MEXICO Terminal (R) (APP) 129.6
MEXICO Approach (R) 121.2 Final 119.75
MEXICO Tower 118.55 118.7
Ground 121.0 121.85
VOR MEX 115.9
Final Apch Crs 233°
Minimum Alt VASOS 8700' (1384')
MDA(H) 7900' (584')
Apt Elev 7316'
MISSED APCH: Climb outbound on MEX VOR R-233 to D5.5 MEX, turn RIGHT to intercept inbound SMO VOR R-160 to D3.0 SMO, turn RIGHT to intercept SLM VOR R-219 to SLM VOR, join holding in accordance with ATC instructions.
Alt Set: IN (MB on req)
Trans level: FL 195
Trans alt: 18500'
12,100'
14,800'
19,400'
MSA MEX VOR
SANTA LUCIA 116.6 SLM
MEXICO 115.9 MEX
SAN MATEO 112.1 SMO
ALKOM
(IAF) D8.0 SLM
D12.0 SLM
D10.0 MEX
(IAF) D20.0 MEX
(IF) D12.0 MEX
VASOS D5.0 MEX
D3.0 SMO
D5.5 MEX
12,100'
14,800'
19,400'
Rwy 23L MEX DME 3.0 4.0
ALTITUDE 8060' 8380'
Rwy 23R MEX DME 3.0 4.0
ALTITUDE 8180' 8490'
MEX VOR
D10.0 MEX
VASOS D5.0 MEX
8700'
233°
10200'
Apt 7316'
23L 4.1
23R 4.5
5.0
Gnd speed-Kts 120 140 160 180
Rwy 23L Descent Angle 3.04° 645 753 861 968
Rwy 23R Descent Angle 3.00° 637 743 849 955
MAP at MEX VOR
MEX on 115.9 R-233
D5.5 MEX
STRAIGHT-IN LANDING RWY23L/R
MDA(H) 7900' (584')
ALS out
CIRCLE-TO-LAND
C 1½ 140 7960' (644')-1¾
D 1¾ 165 7960' (644')-2
CHANGES: Navaid naming convention.
© JEPPESEN, 2002, 2015. ALL RIGHTS RESERVED.

Figura 5

Figura 6

Figura 7

Figura 8

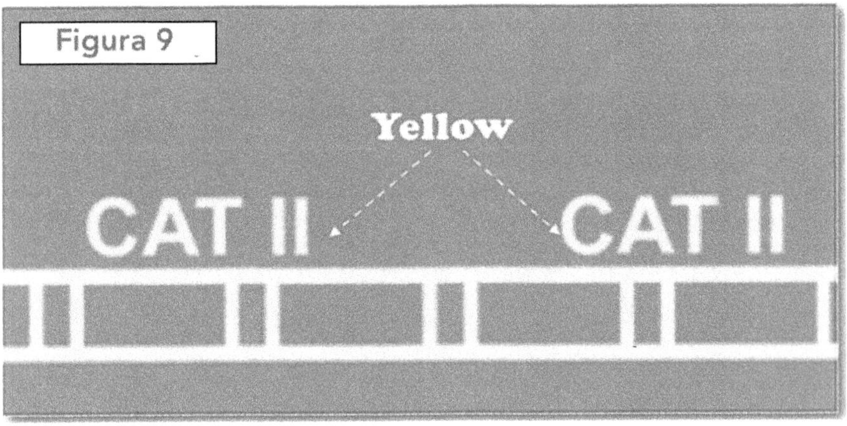
Figura 9
Yellow
CAT II
CAT II

Figura 10

JAR-OPS STRAIGHT-IN LANDING RWY 24L

	ILS CAT IIIA	ILS CAT II	ILS CAT I FULL	ILS CAT I ALS out	LOC (GS out) FULL	LOC (GS out) ALS out	Northwest of rwy 06R/24L Max Kts	MDA(H) VIS
	DH 50'	C: RA 101' DA(H) 108' (100') D: RA 107' DA(H) 115' (107')	DA(H) C: 286' (278') D: 296' (288')		MDA(H) 1000' (992')			
C	RVR 200m	RVR 300m	RVR 650m	RVR 1200m	RVR 1400m	RVR 2000m	180	1210' (1186') 2400m
D	RVR 200m	RVR 300m	RVR 650m	RVR 1200m	RVR 1800m	RVR 2000m	205	1500' (1476') 3600m

Figura 11

CARLOS JOBIM INTL

JEPPESEN 1 JAN 16 Eff 7 Jan 11-4

RIO DE JANEIRO, BRAZIL
ILS U CAT II Rwy 10
MISSED APCH CLIMB GRADIENT MIM 5%

D-ATIS	RIO Control (Approach) (R)	GALEAO Tower	Ground
127.6	119.35 121.25 125.95 126.2 128.9 129.8 133.3 134.4	118.0 118.2	121.35 121.65

LOC ITB	Final Apch Crs	GS D7.4 ITB	CAT II ILS	Apt Elev 28' Rwy 16'
109.3	097°	1700' (1684')	RA 111' DA(H) 116' (100')	

Figura 12

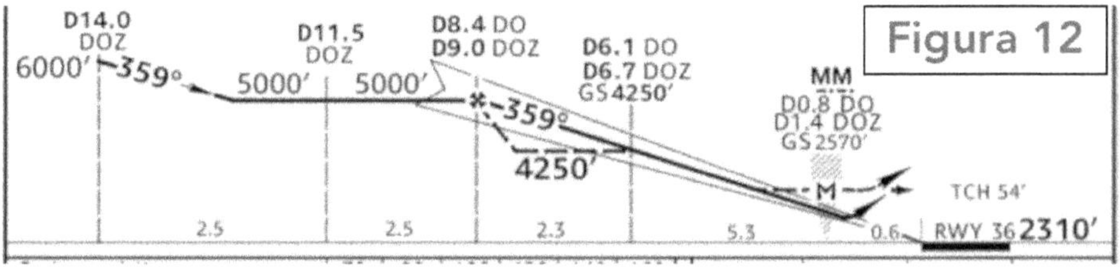

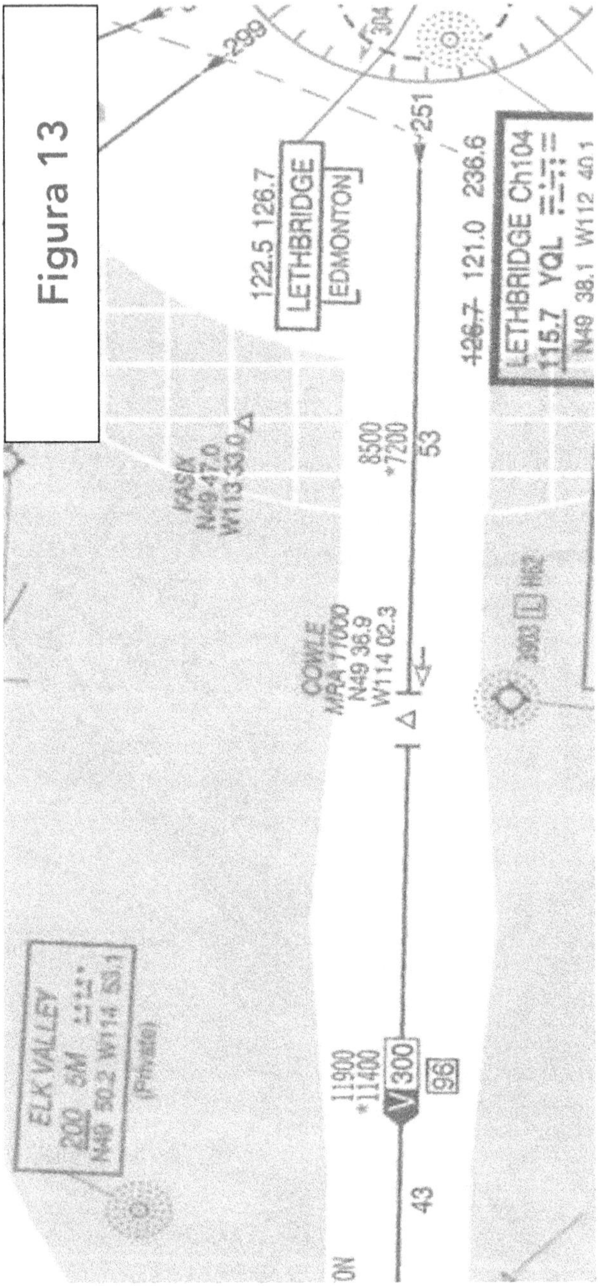
ELK VALLEY
200 5M
N49 50.2 W114 53.1
(Private)
11900
*11400
V300
96
43
COWLE
MRA 11000
N49 36.9
W114 02.3
KASIK
N49 47.0
W113 33.0
8500
*7200
53
122.5 126.7
LETHBRIDGE
EDMONTON
251
299
304
126.7 121.0 236.6
LETHBRIDGE Ch104
115.7 YQL
N49 38.1 W112 40.1

Figura 13

Figura 14

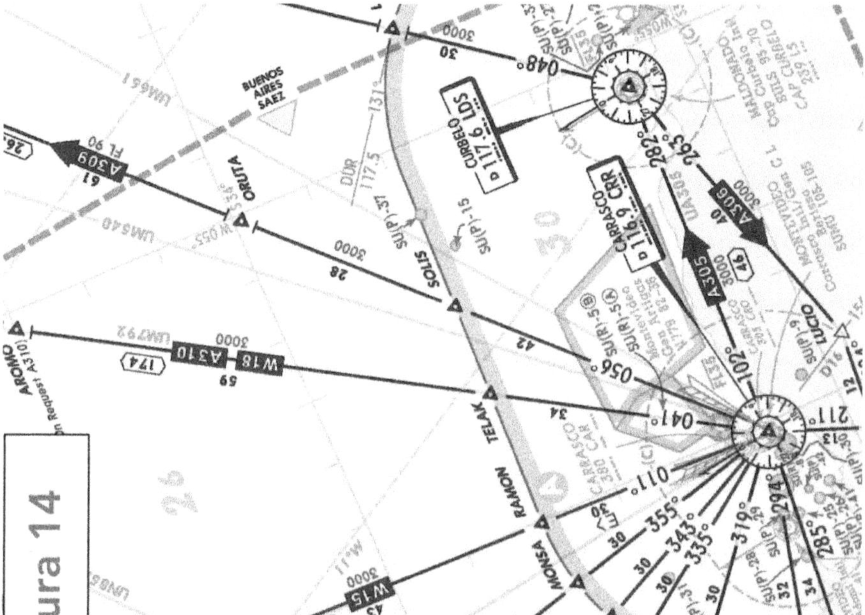
AROMO
ORUTA
SOLIS
TELAK
RAMON
MONSA
LOMUX
DRACA
NIMBO
BERTA
SANDI
ASIVA
AMISO
NEGIR
RANDE
PONPA
NEMAS
LUCIO
BUENOS AIRES SAEZ
CURBELO 117.6 LDS
CARRASCO 116.9 CRR
DURAZNO 117.5 DUR
A309
A310
W18
W15
A556
W19
W23
W25
W29
A305
A306

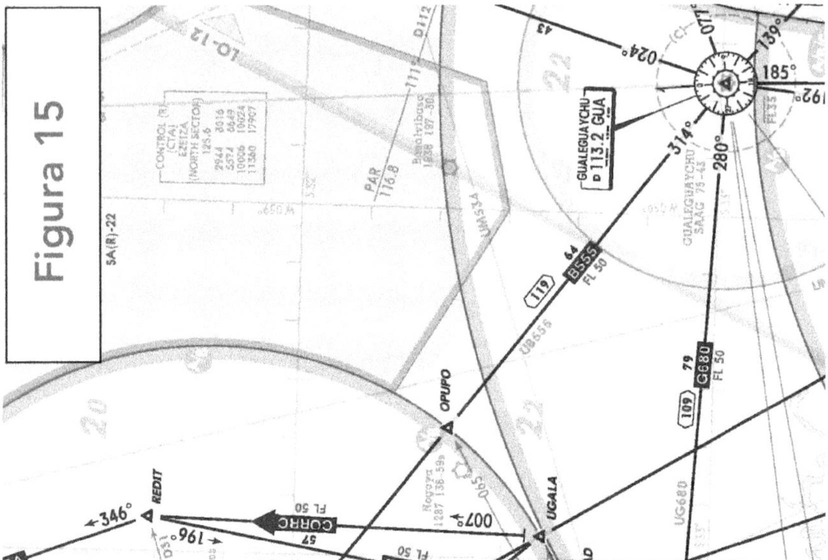
5A(R)-22
REDIT
OPUPO
UGALA
ESKAD
TINTA
ESKON
SUSTA
DABOT
MUPIS
ISRAT
GEDUK
PARANA
D 116.8 PAR
ROSARIO
D 117.3 ROS
GUALEGUAYCHU
D 113.2 GUA
SAUCE VIEJO
405 SVO
ROSARIO
TMA
Class (A/B)
PARANA
TMA
Class (A/B)
CORRC
CORRB
W20
W21
B555
G680
ATS
FL 50

Figura 15

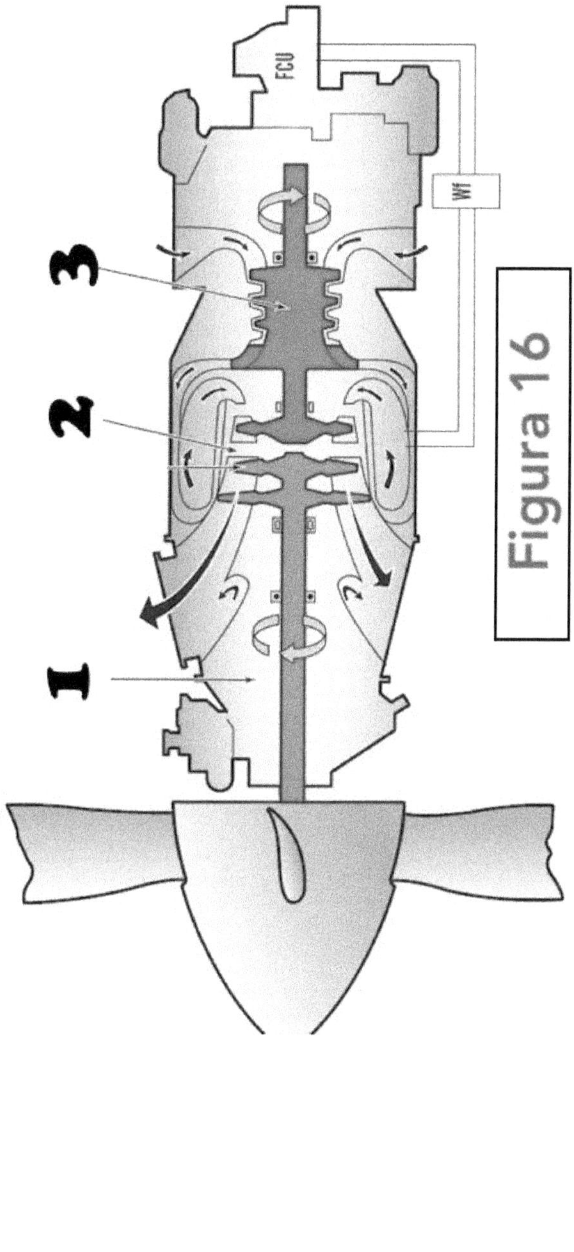

Figura 16

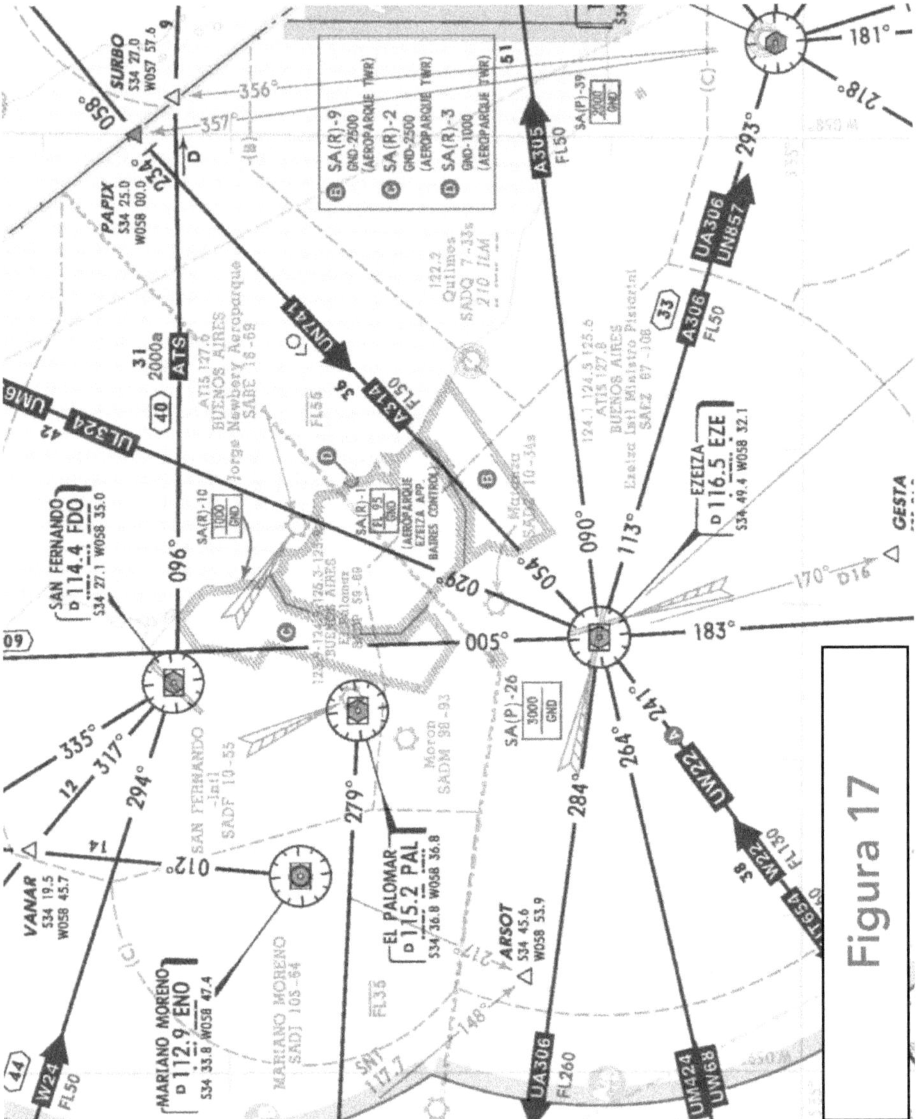
SAN FERNANDO
114.4 FDO
S34 27.1 W058 35.0
EL PALOMAR
115.2 PAL
S34 36.8 W058 36.8
MARIANO MORENO
112.9 ENO
S34 33.8 W058 47.4
EZEIZA
116.5 EZE
S34 49.4 W058 32.1
VANAR
S34 19.5
W058 45.7
ARSOT
S34 45.6
W058 53.9
PAPIX
S34 25.0
W058 00.0
SURBO
S34 27.0
W057 57.6
GESTA
SA(R)-9
GND-2500
(AEROPARQUE TWR)
SA(R)-2
GND-2500
(AEROPARQUE TWR)
SA(R)-3
GND-1000
(AEROPARQUE TWR)
SA(P)-26
3000
GND
UL324
UN741
A314
A305
A306
UA306
UN857
UW22
W22
W24
UM424
UW68
FL50
FL260
FL130

Figura 17

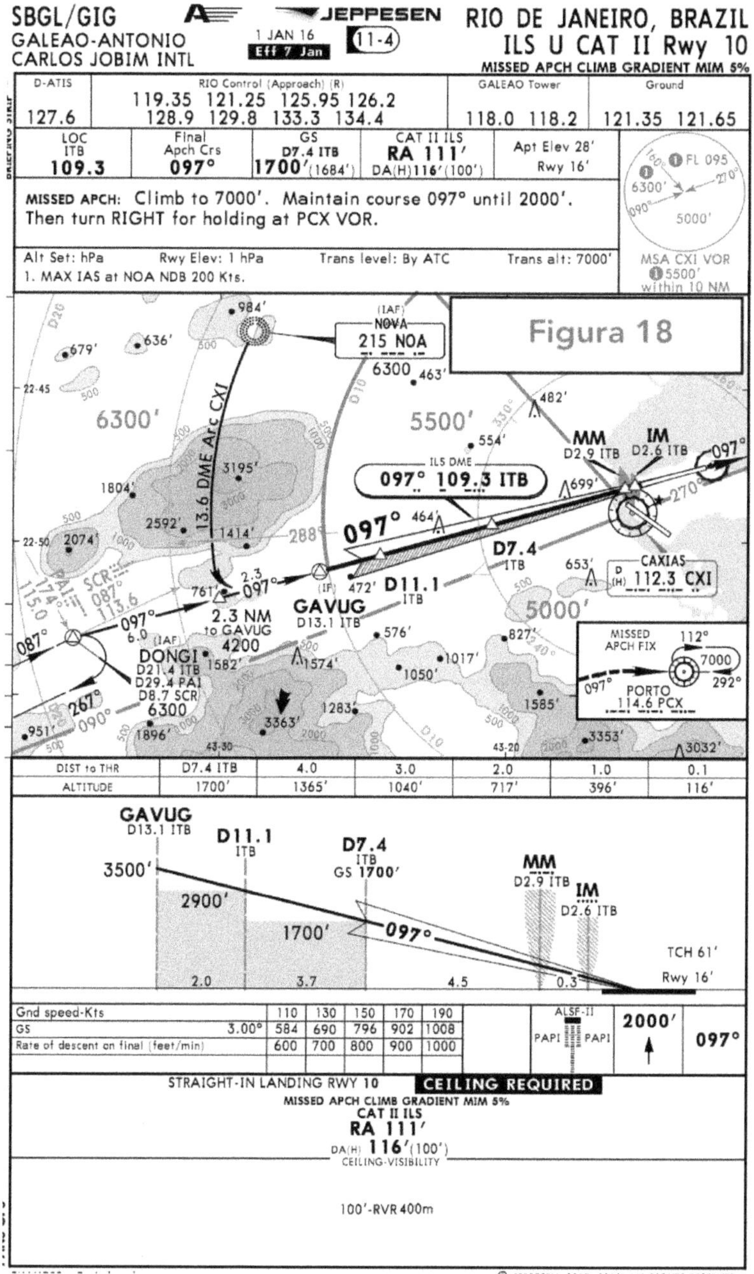
SBGL/GIG
GALEAO-ANTONIO CARLOS JOBIM INTL
JEPPESEN
1 JAN 16
Eff 7 Jan
11-4
RIO DE JANEIRO, BRAZIL
ILS U CAT II Rwy 10
MISSED APCH CLIMB GRADIENT MIM 5%
D-ATIS 127.6
RIO Control (Approach) (R) 119.35 121.25 125.95 126.2 128.9 129.8 133.3 134.4
GALEAO Tower 118.0 118.2
Ground 121.35 121.65
LOC ITB 109.3
Final Apch Crs 097°
GS D7.4 ITB 1700'(1684')
CAT II ILS RA 111' DA(H)116'(100')
Apt Elev 28' Rwy 16'
MISSED APCH: Climb to 7000'. Maintain course 097° until 2000'. Then turn RIGHT for holding at PCX VOR.
Alt Set: hPa
Rwy Elev: 1 hPa
Trans level: By ATC
Trans alt: 7000'
1. MAX IAS at NOA NDB 200 Kts.
MSA CXI VOR
5500' within 10 NM
FL 095
6300'
5000'
Figura 18
(IAF) NOVA 215 NOA
13.6 DME Arc CXI
ILS DME 097° 109.3 ITB
MM D2.9 ITB
IM D2.6 ITB
D7.4 ITB
D11.1 ITB
GAVUG D13.1 ITB
2.3 NM to GAVUG
(IAF) DONGI D21.4 ITB D29.4 PAI D8.7 SCR
4200
CAXIAS D 112.3 CXI
MISSED APCH FIX
PORTO 114.6 PCX
7000
DIST to THR | D7.4 ITB | 4.0 | 3.0 | 2.0 | 1.0 | 0.1
ALTITUDE | 1700' | 1365' | 1040' | 717' | 396' | 116'
3500'
2900'
1700'
TCH 61'
Rwy 16'
Gnd speed-Kts | 110 | 130 | 150 | 170 | 190
GS 3.00° | 584 | 690 | 796 | 902 | 1008
Rate of descent on final (feet/min) | 600 | 700 | 800 | 900 | 1000
ALSF-II
PAPI
2000'
097°
STRAIGHT-IN LANDING RWY 10
CEILING REQUIRED
MISSED APCH CLIMB GRADIENT MIM 5%
CAT II ILS
RA 111'
DA(H) 116'(100')
CEILING-VISIBILITY
100'-RVR 400m

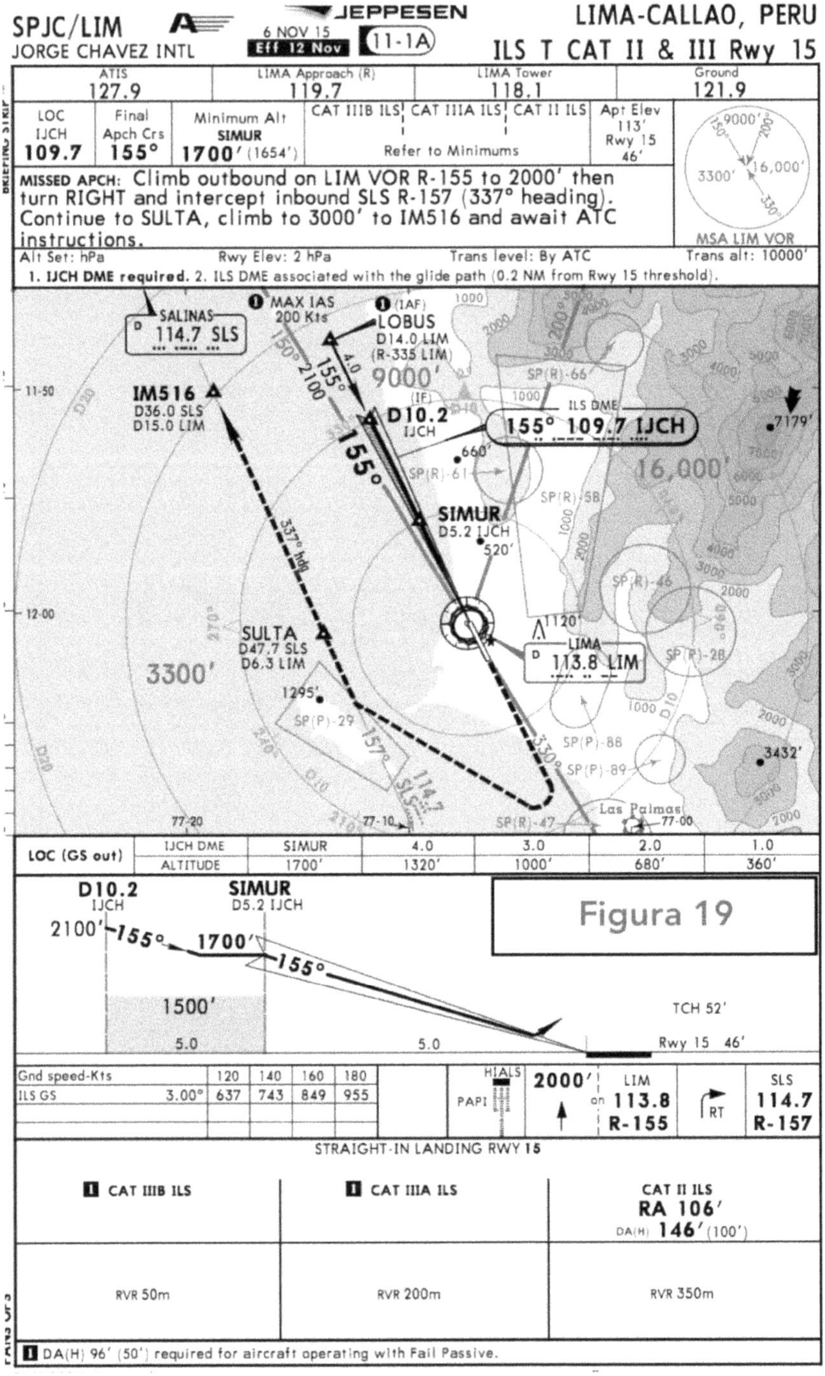
SPJC/LIM
JORGE CHAVEZ INTL
JEPPESEN
6 NOV 15
Eff 12 Nov
11-1A
LIMA-CALLAO, PERU
ILS T CAT II & III Rwy 15
ATIS 127.9
LIMA Approach (R) 119.7
LIMA Tower 118.1
Ground 121.9
LOC IJCH 109.7
Final Apch Crs 155°
Minimum Alt SIMUR 1700' (1654')
CAT IIIB ILS
CAT IIIA ILS
CAT II ILS
Refer to Minimums
Apt Elev 113'
Rwy 15 46'
MISSED APCH: Climb outbound on LIM VOR R-155 to 2000' then turn RIGHT and intercept inbound SLS R-157 (337° heading). Continue to SULTA, climb to 3000' to IM516 and await ATC instructions.
MSA LIM VOR
9000'
16,000'
3300'
Alt Set: hPa
Rwy Elev: 2 hPa
Trans level: By ATC
Trans alt: 10000'
1. IJCH DME required. 2. ILS DME associated with the glide path (0.2 NM from Rwy 15 threshold).
SALINAS
D 114.7 SLS
MAX IAS 200 Kts
(IAF) LOBUS
D14.0 LIM
(R-335 LIM)
9000'
IM516
D36.0 SLS
D15.0 LIM
(IF) D10.2 IJCH
ILS DME
155° 109.7 IJCH
16,000'
SIMUR
D5.2 IJCH
337° hdg
SULTA
D47.7 SLS
D6.3 LIM
3300'
LIMA
D 113.8 LIM
Las Palmas
LOC (GS out)
IJCH DME: SIMUR, 4.0, 3.0, 2.0, 1.0
ALTITUDE: 1700', 1320', 1000', 680', 360'
D10.2 IJCH
SIMUR D5.2 IJCH
2100'
155°
1700'
1500'
5.0
TCH 52'
Rwy 15 46'
Gnd speed-Kts 120 140 160 180
ILS GS 3.00° 637 743 849 955
HIALS
PAPI
2000'
LIM 113.8 R-155
RT
SLS 114.7 R-157
STRAIGHT-IN LANDING RWY 15
CAT IIIB ILS
CAT IIIA ILS
CAT II ILS
RA 106'
DA(H) 146' (100')
RVR 50m
RVR 200m
RVR 350m
DA(H) 96' (50') required for aircraft operating with Fail Passive.
Figura 19

KSFO/SFO
SAN FRANCISCO INTL

JEPPESEN 15 JUL 16 (11-4) Eff 21 Jul

SAN FRANCISCO, CALIF
ILS or LOC Rwy 28R

D-ATIS	NORCAL Approach (R)	SAN FRANCISCO Tower	Ground
113.7 115.8 135.45	134.5	120.5	121.8

LOC IGWQ	Final Apch Crs	GS AXMUL	ILS	
111.7	284°	1800′ (1787′)	Refer to Minimums	Apt Elev 13′ TDZE 13′

MISSED APCH: Climb to 3000′ on SFO VOR R-281 to VIKYU INT/ D12.0 SFO and hold, or as directed by ATC. Missed approach requires minimum climb of 350′/NM to 1900′; if unable to meet climb gradient, see ILS or LOC Rwy 28L (11-2).

Alt Set: INCHES   Trans level: FL 180   Trans alt: 18000′
1. Use IGWQ DME when on the localizer course. 2. VGSI and ILS glidepath not coincident (VGSI angle 3.00°/TCH 68′). 3. MALSR, PAPI-L on Rwy 28L. 4. Simultaneous approach authorized with ILS or LOC Rwy 28L. 5. Simultaneous operations require use of vertical guidance maintain last assigned altitude until established on glideslope.

MSA SFO VOR: 5100′ (120°–230°), 4500′ (230°–360°), 3500′ (360°–120°)

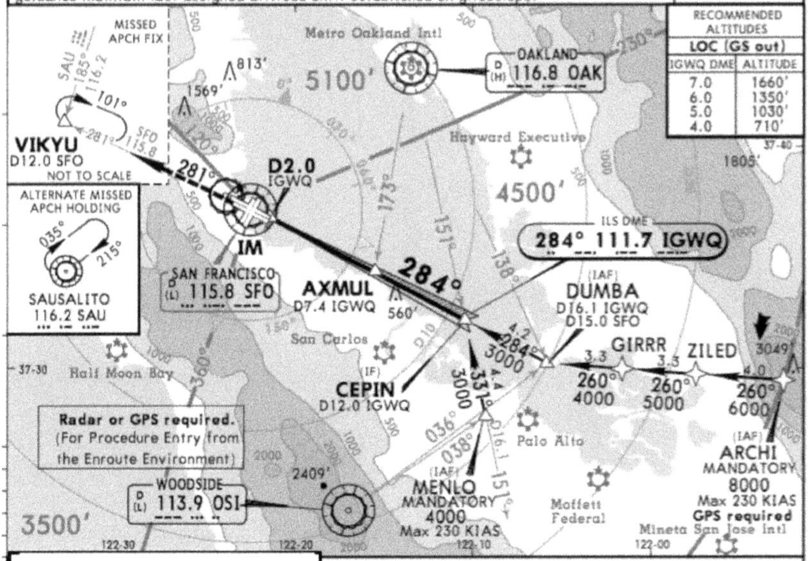

Figura 20

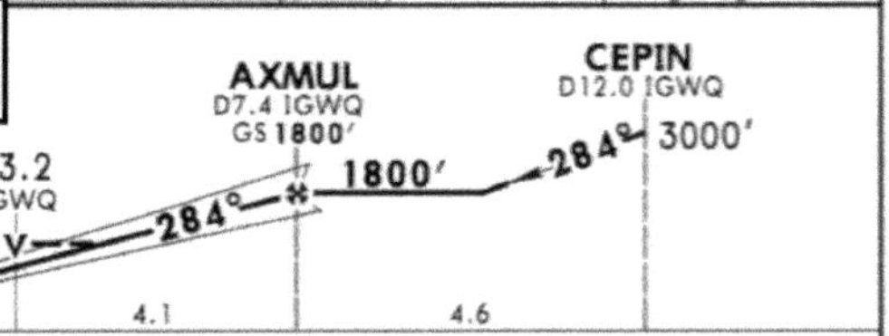

Gnd speed-Kts		120	140	160	180
ILS GS or LOC Descent Angle	3.00°	637	743	849	955
MAP at D2.0 IGWQ or AXMUL to MAP	5.4	2:42	2:19	2:02	1:48

ALSF-II PAPI — 3000′ on SFO 115.8 R-281 — VIKYU

TERPS

	STRAIGHT-IN LANDING RWY 28R					LOC (GS out)		SIDESTEP LANDING RWY 28L	3 4 CIRCLE-TO-LAND	
	1 CAT III	1 CAT II RA 113′ DA(H) 113′(100′)	ILS CAT I DA(H) 213′(200′)			MDA(H) 480′(467′)		MDA(H) 480′(467′)	Max Kts	MDA(H)
			FULL	TDZ/CL out	ALS out		ALS out	RAIL/ALS out		
C	RVR 6	RVR 12	RVR 18 or ½	2 RVR 24 or ½	RVR 40 or ¾	RVR 50 or 1	1⅜	1½	140	1560′-3 (1547′)
D									D	NA

1 **Special Aircrew and Aircraft Certification Required.**
2 RVR 18 with Flight Director or Autopilot or HUD to DA(H).
3 Not Authorized to Rwys 10L/R and 19L/R. 4 Not Authorized at Night to Rwys 1L/R.

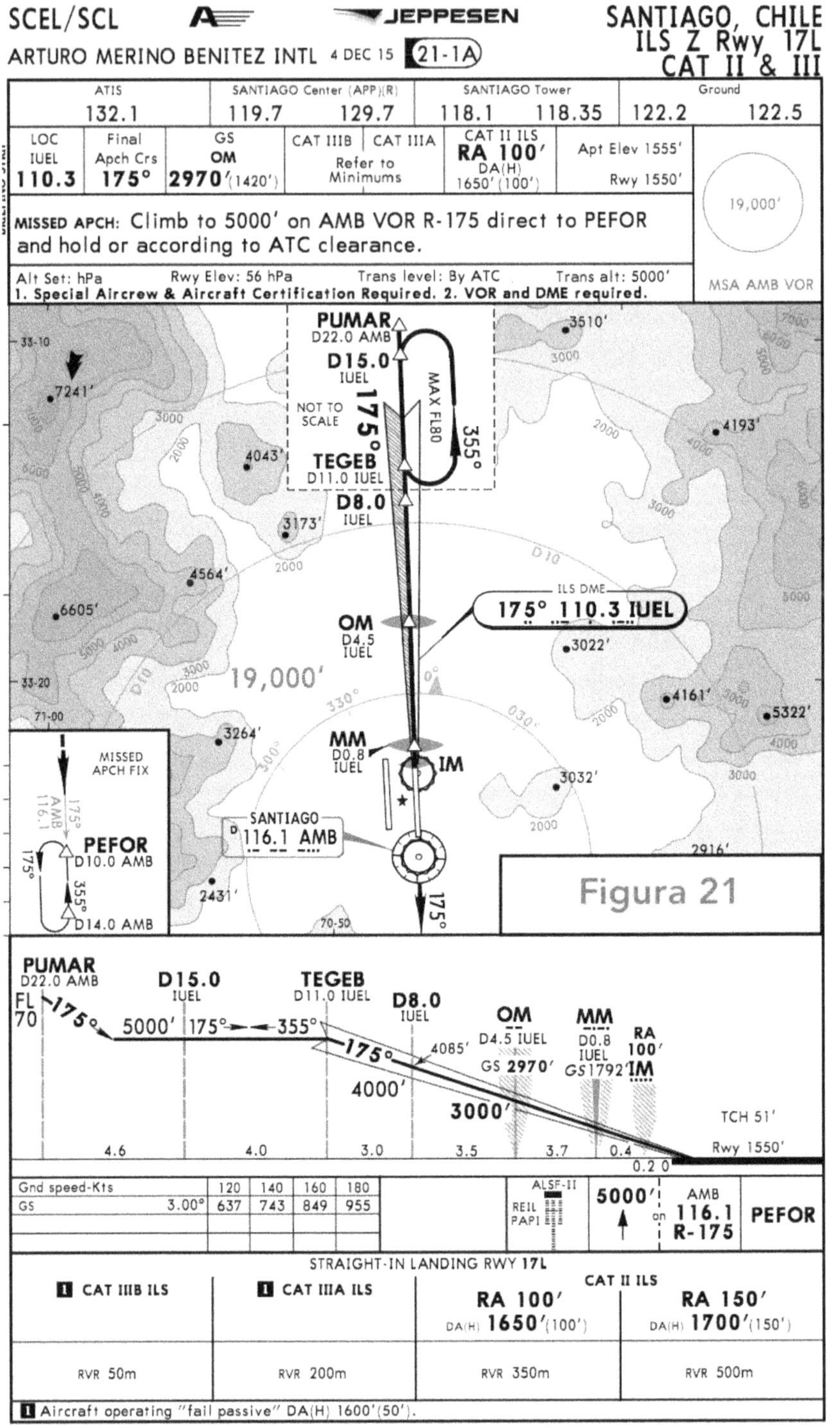
SCEL/SCL
JEPPESEN
SANTIAGO, CHILE
ARTURO MERINO BENITEZ INTL 4 DEC 15 21-1A
ILS Z Rwy 17L
CAT II & III
ATIS 132.1
SANTIAGO Center (APP)(R) 119.7 129.7
SANTIAGO Tower 118.1 118.35
Ground 122.2 122.5
LOC IUEL 110.3
Final Apch Crs 175°
GS OM 2970'(1420')
CAT IIIB | CAT IIIA Refer to Minimums
CAT II ILS RA 100' DA(H) 1650'(100')
Apt Elev 1555' Rwy 1550'
19,000'
MSA AMB VOR
MISSED APCH: Climb to 5000' on AMB VOR R-175 direct to PEFOR and hold or according to ATC clearance.
Alt Set: hPa Rwy Elev: 56 hPa Trans level: By ATC Trans alt: 5000'
1. Special Aircrew & Aircraft Certification Required. 2. VOR and DME required.
PUMAR D22.0 AMB
D15.0 IUEL
NOT TO SCALE
175°
MAX FL80
355°
TEGEB D11.0 IUEL
D8.0 IUEL
OM D4.5 IUEL
ILS DME 175° 110.3 IUEL
19,000'
MM D0.8 IUEL
IM
SANTIAGO 116.1 AMB
MISSED APCH FIX
PEFOR D10.0 AMB
D14.0 AMB
AMB 116.1 175°
7241' 4043' 3173' 4564' 6605' 3264' 2431' 3510' 4193' 3022' 4161' 5322' 3032' 2916'
33-10 33-20 71-00 70-50
PUMAR D22.0 AMB
FL 70
D15.0 IUEL
TEGEB D11.0 IUEL
D8.0 IUEL
5000' 175° 355°
4085'
4000'
3000'
OM D4.5 IUEL GS 2970'
MM D0.8 IUEL GS 1792'
RA 100' IM
TCH 51'
Rwy 1550'
4.6 4.0 3.0 3.5 3.7 0.4 0.2 0
Gnd speed-Kts 120 140 160 180
GS 3.00° 637 743 849 955
ALSF-II REIL PAPI
5000' on AMB 116.1 R-175 PEFOR
STRAIGHT-IN LANDING RWY 17L
CAT IIIB ILS | CAT IIIA ILS | CAT II ILS
RA 100' DA(H) 1650'(100') | RA 150' DA(H) 1700'(150')
RVR 50m | RVR 200m | RVR 350m | RVR 500m
Aircraft operating "fail passive" DA(H) 1600'(50').

Figura 21

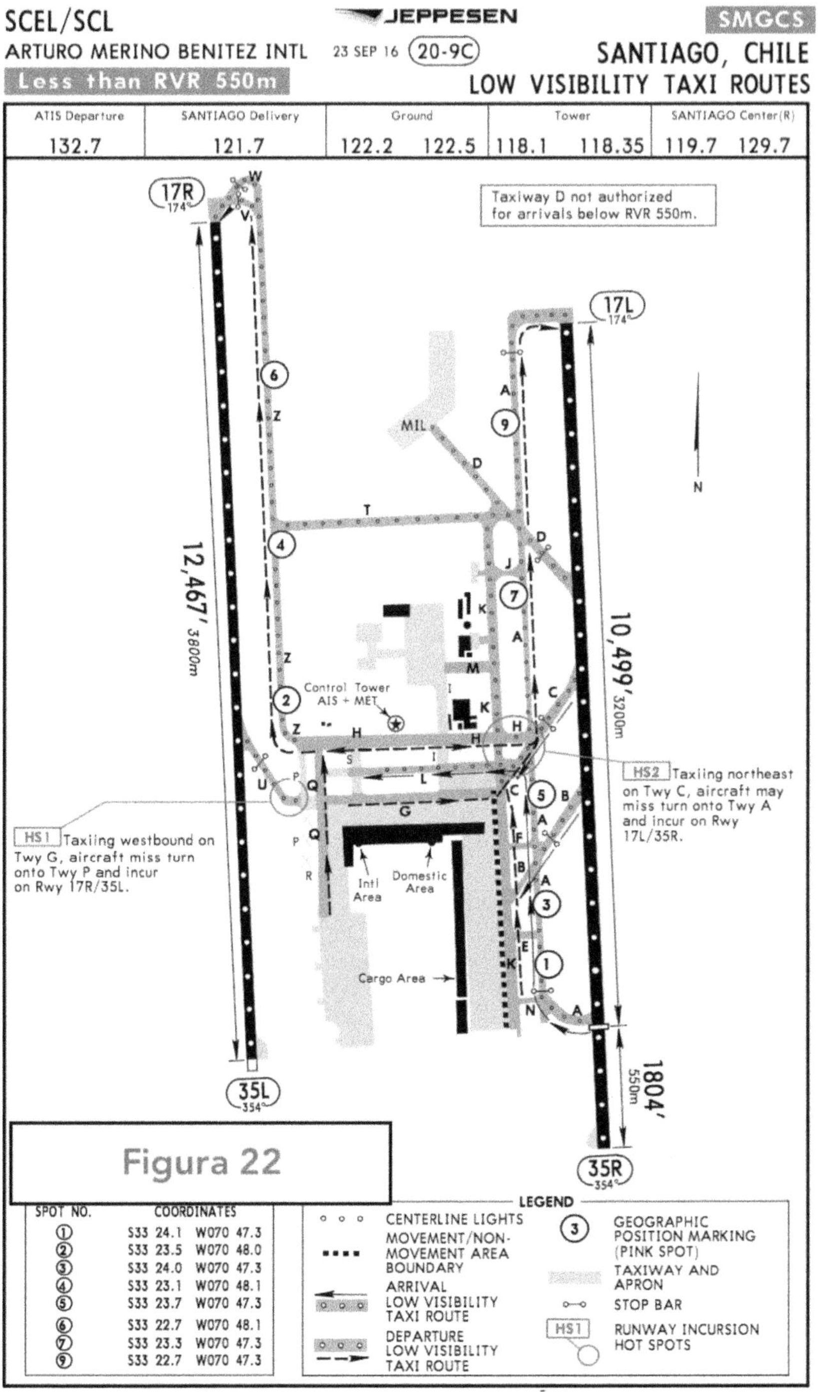
SCEL/SCL
JEPPESEN
SMGCS
ARTURO MERINO BENITEZ INTL
23 SEP 16 (20-9C)
SANTIAGO, CHILE
Less than RVR 550m
LOW VISIBILITY TAXI ROUTES
ATIS Departure 132.7
SANTIAGO Delivery 121.7
Ground 122.2 122.5
Tower 118.1 118.35
SANTIAGO Center(R) 119.7 129.7
Taxiway D not authorized for arrivals below RVR 550m.
17R 174°
17L 174°
35L 354°
35R 354°
12,467' 3800m
10,499' 3200m
1804' 550m
Control Tower AIS + MET
MIL
Intl Area
Domestic Area
Cargo Area
HS1 Taxiing westbound on Twy G, aircraft miss turn onto Twy P and incur on Rwy 17R/35L.
HS2 Taxiing northeast on Twy C, aircraft may miss turn onto Twy A and incur on Rwy 17L/35R.
N
SPOT NO. COORDINATES
① S33 24.1 W070 47.3
② S33 23.5 W070 48.0
③ S33 24.0 W070 47.3
④ S33 23.1 W070 48.1
⑤ S33 23.7 W070 47.3
⑥ S33 22.7 W070 48.1
⑦ S33 23.3 W070 47.3
⑨ S33 22.7 W070 47.3
LEGEND
CENTERLINE LIGHTS
MOVEMENT/NON-MOVEMENT AREA BOUNDARY
ARRIVAL LOW VISIBILITY TAXI ROUTE
DEPARTURE LOW VISIBILITY TAXI ROUTE
GEOGRAPHIC POSITION MARKING (PINK SPOT)
TAXIWAY AND APRON
STOP BAR
RUNWAY INCURSION HOT SPOTS
Figura 22

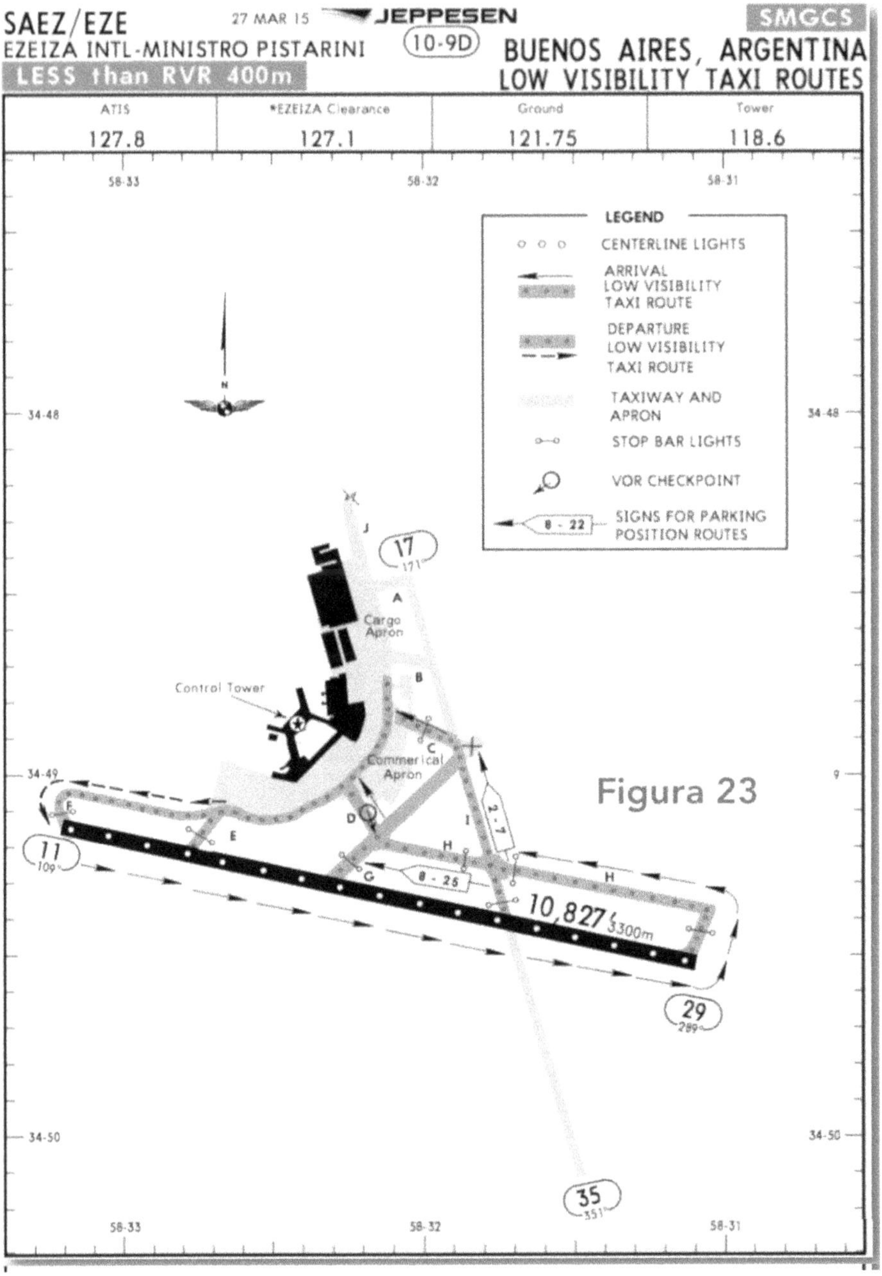
SAEZ/EZE
27 MAR 15
JEPPESEN
SMGCS
EZEIZA INTL-MINISTRO PISTARINI
10-9D
BUENOS AIRES, ARGENTINA
LESS than RVR 400m
LOW VISIBILITY TAXI ROUTES
ATIS 127.8
*EZEIZA Clearance 127.1
Ground 121.75
Tower 118.6
58-33
58-32
58-31
34-48
34-49
34-50
LEGEND
CENTERLINE LIGHTS
ARRIVAL LOW VISIBILITY TAXI ROUTE
DEPARTURE LOW VISIBILITY TAXI ROUTE
TAXIWAY AND APRON
STOP BAR LIGHTS
VOR CHECKPOINT
8 - 22
SIGNS FOR PARKING POSITION ROUTES
N
J
17
171°
A
Cargo Apron
B
Control Tower
C
Commerical Apron
D
E
F
G
H
I
2 - 7
8 - 25
11
109°
10,827'
3300m
29
289°
35
351°
Figura 23

Aviation Bookstore
aviation step by step

Capítulo 2

Examen de vuelo para Piloto Comercial

Aviation Bookstore
aviation step by step

Introducción

Hola! Soy el Capitán Thomas y seré el encargado de evaluar tu vuelo a lo largo de este examen. Como es sabido, para cada licencia aeronáutica, es obligatorio dominar una determinada cantidad de procedimientos que garanticen la operación para la cual estarás habilitado. Comenzaremos por las maniobras mas simples e iremos transitándolas hasta llegar a las mas complejas.

Ante cada respuesta correcta pasaremos a la maniobra siguiente, y ante una respuesta errónea, nos detendremos por un momento a evaluar la situación. No acumules más de 2 errores, porque en el tercero vamos a tener que finalizar el examen. Te iré guiando paso a paso, y voy a recordarte la cantidad de errores que llevas hasta el momento de la siguiente manera:

¡Llevas 1 error!

Tenlo presente y continúa con cuidado en las maniobras siguientes.

De todos modos no te alarmes, podremos realizar el examen tantas veces como sean necesarias para que puedas aprobar con honores y avanzar en tu carrera aeronáutica!

¡***Recuerda:*** ante una respuesta incorrecta, existen dos posibilidades y el camino siguiente dependerá de la gravedad del error, siendo las siguientes opciones: Detenernos a evaluar el error y continuar con la siguiente maniobra. Volver a las maniobras anteriores para repetirlas y asimilar mejor los conceptos.

Así que presta atención, si crees que ya has leído una maniobra anteriormente, seguramente así sea, ya que has vuelto a esa maniobra por que tu respuesta fue incorrecta. Una vez que hayas aprobado tu examen práctico, te entregaré de tu licencia aeronáutica.

En las páginas siguientes encontrarás una serie de figuras referenciales a algunas maniobras que realizaremos y que te ayudarán a aprobar tu examen como todo un profesional.

Sin demoras, iniciemos tu examen..

¡A volar!

Examen Piloto Comercial de Avión . . . . Pagina 88

SABE/AEP
JORGE NEWBERY
AEROPARQUE

JEPPESEN BUENOS AIRES, ARGENTINA

25 JUL 08 (40-3A) Eff 31 Jul SID

Apt Elev 18'	Trans level: By ATC Trans alt: 3000'

MSA EZE VOR 3000'

DORVO 7, KUKEN 7, LA PLATA 7 (PTA7), SURBO 7 DEPARTURES

SPEED: MAX 250 KT BELOW FL 100

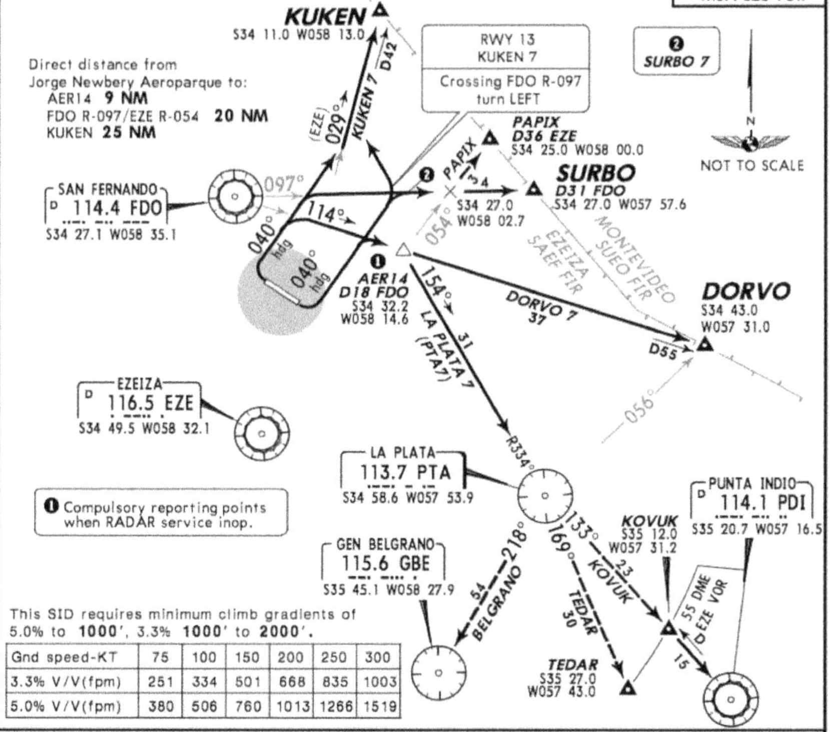

This SID requires minimum climb gradients of 5.0% to **1000'**, 3.3% **1000'** to **2000'**.

Gnd speed-KT	75	100	150	200	250	300
3.3% V/V(fpm)	251	334	501	668	835	1003
5.0% V/V(fpm)	380	506	760	1013	1266	1519

NOISE ABATEMENT PROCEDURE

1. With take-off power and the speed that corresponds to each aircraft (V2 +10 KT, V2 +15 KT, etc.) reach **800'**.
2. Starting at **800'** use climbing power and begin flap retraction.

SID	INITIAL CLIMB
DORVO 7	**Rwy 13:** Turn LEFT on 040° heading to intercept FDO R-114 to DORVO. **Rwy 31:** Turn RIGHT on 040° heading to intercept FDO R-114 to DORVO.
KUKEN 7	**Rwy 13:** Turn LEFT on 040° heading until crossing FDO R-097, turn LEFT and intercept EZE R-029 to KUKEN. **Rwy 31:** Turn RIGHT on 040° heading and intercept EZE R-029 to KUKEN.
LA PLATA 7	**Rwy 13:** Turn LEFT on 040° heading to intercept FDO R-114 to AER14, turn RIGHT on PTA R-334 to PTA. **Rwy 31:** Turn RIGHT on 040 [...] RIGHT on PTA R-334 to PTA [...]
SURBO 7	**Rwy 13:** Turn LEFT on 040° [...] **Rwy 31:** Turn RIGHT on 040 [...]

Figura 1

BELGRANO	Turn on course 218° to GBE.
KOVUK	Turn on 133° course to KOVUK.
PAPIX	Intercept EZE R-054 to PAPIX.
TEDAR	Turn on 169° course to TEDAR.

SAEZ/EZE   JEPPESEN   BUENOS AIRES, ARGENTINA

EZEIZA INTL-MINISTRO PISTARINI   11-1   23 OCT 15   No. 3 ILS X Rwy 11

ATIS	EZEIZA Approach	EZEIZA Tower	Ground
127.8	119.9	118.6	121.75

LOC PC	Final Apch Crs	GS OM	ILS DA(H)	Apt Elev 67' Rwy 62'	MSA EZE VOR
110.1	110°	1350' (1288')	262' (200')		3000'

MISSED APCH: Climb to 500', RIGHT turn heading 125° climb to 3000' or as directed by ATC.

Alt Set: hPa   Rwy Elev: 2 hPa   Trans level: By ATC   Trans alt: 3000'

1. **DME required.**

Figura 2

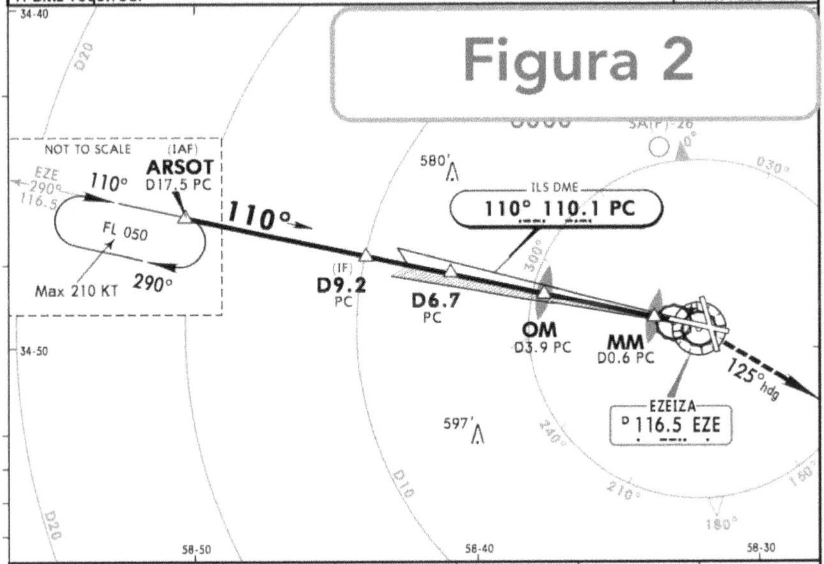

LOC (GS out)	PC DME	6.0	5.0	4.0	3.0	2.0
	ALTITUDE	2030'	1710'	1400'	1080'	760'

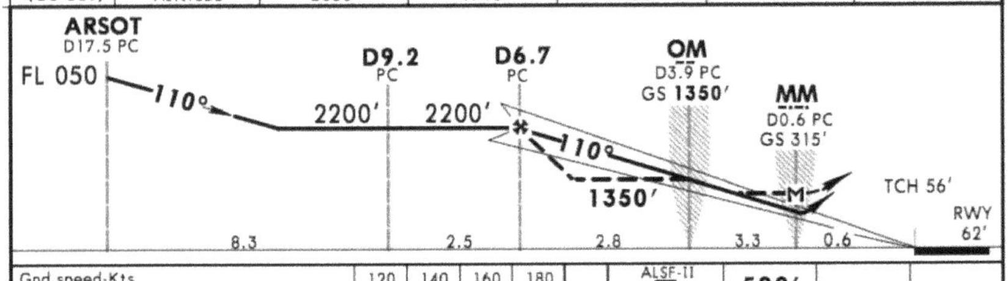

Gnd speed-Kts		120	140	160	180
ILS GS or LOC Descent Angle	3.00°	637	743	849	955
MAP at MM/D0.6 PC or OM to MAP	3.3	1:39	1:25	1:14	1:06

ALSF-II   PAPI   PAPI   500' ↑   RT   125° hdg

	STRAIGHT-IN LANDING RWY11					CIRCLE-TO-LAND
	ILS DA(H) 262' (200')		LOC (GS out) MDA(H) 460' (398')			
	FULL	ALS out		ALS out	Max Kts	MDA(H)
C	RVR 550m VIS 800m	1200m	2000m	2400m	180	800' (733') -3700m
D			2400m	2800m	205	900' (833') -4600m

1 Circle to the south of Rwy 11-29 centerline.

SABE/AEP JEPPESEN **BUENOS AIRES, ARGENTINA**

13 SEP 13 (46-3) **No. 6**

JORGE NEWBERY AEROPARQUE FROM QUILMES **LOCATOR OR GNSS Rwy 31**

*ATIS	AEROPARQUE Approach	AEROPARQUE Tower	Ground
127.6	120.6	118.85	121.9

BRIEFING STRIP ™

Lctr N	Final Apch Crs	Minimum Alt D8.2 AE D18.3 FDO	MDA(H)	Apt Elev	MSA N Lctr
375	311°	2000' (1985')	790' (775')	18' Rwy 31 15'	3000'

MISSED APCH: Climbing RIGHT turn to 3000', and follow instructions from CONTROL.

Alt Set: hPa Rwy Elev: 1 hPa Trans level: By ATC Trans alt: 3000'

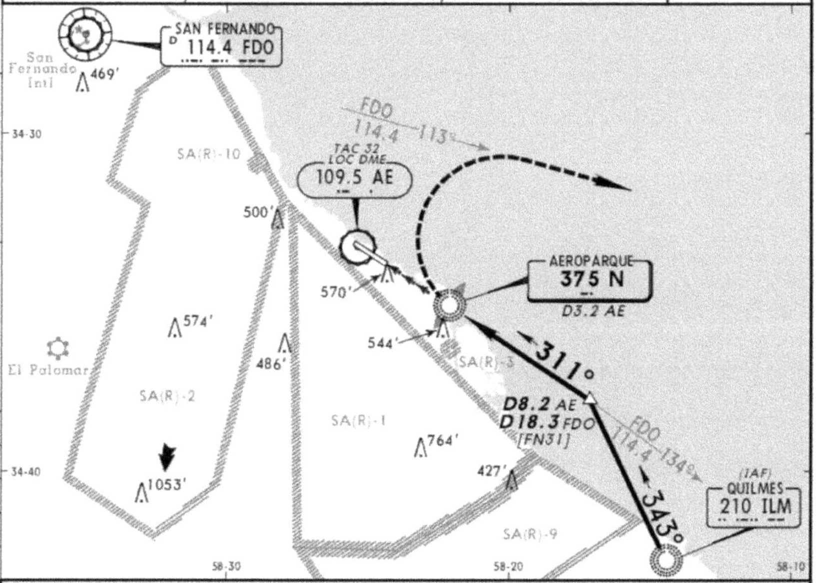

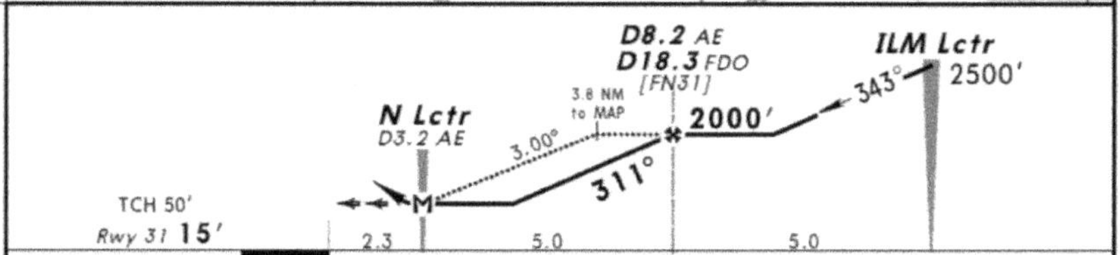

Gnd speed-Kts	70	90	100	120	140	160
Descent angle 3.00°	372	478	531	637	743	849
MAP at N Lctr/D3.2 AE or FAF to MAP 5.0	4:17	3:20	3:00	2:30	2:09	1:53

AVASI

3000' RT

	STRAIGHT-IN LANDING RWY31	CIRCLE-TO-LAND
	MDA(H) 790' (775')	Max Kts
A	4200m	
B		
C		
D		

PANS OPS

Figura 3

Figura 4

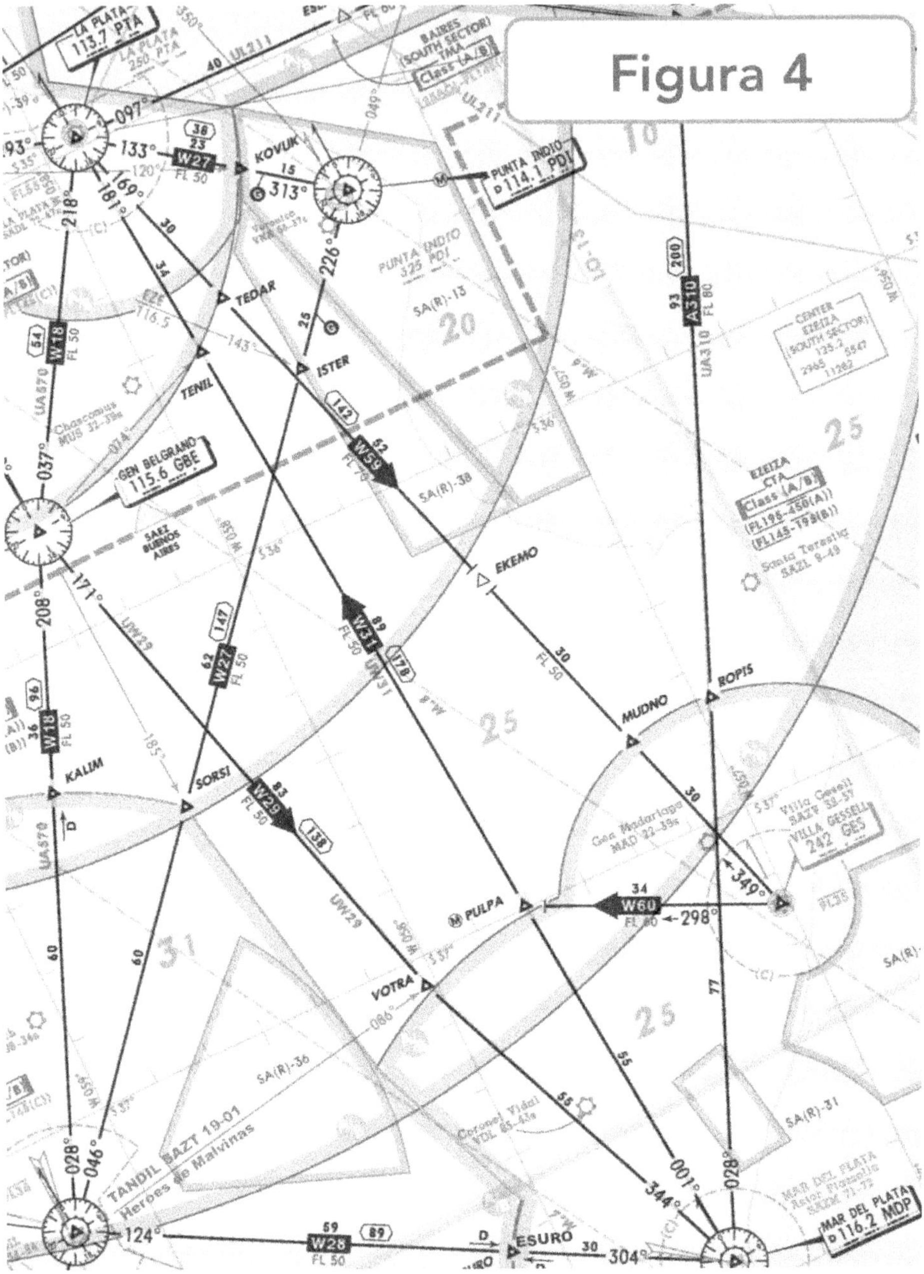
LA PLATA
113.7 PTA
LA PLATA
250 PTA
BAIRES
(SOUTH SECTOR)
TMA
Class (A/B)
UL211
097°
133°
W27
FL 50
KOVUK
313°
PUNTA INDIO
114.1 PDI
PUNTA INDIO
325 PDI
SA(R)-13
169°
181°
218°
TEDAR
TENIL
ISTER
226°
W18
FL 50
UA570
Chascomus
GEN BELGRANO
115.6 GBE
037°
W59
FL 70
SA(R)-38
SAEZ
BUENOS
AIRES
EKEMO
171°
208°
W27
FL 50
W31
FL 50
UW29
A310
FL 80
UA310
CENTER
EZEIZA
(SOUTH SECTOR)
EZEIZA
CTA
Class (A/B)
Santa Teresita
SAZL
MUDNO
ROPIS
W18
FL 50
KALIM
SORSI
W29
FL 50
Gen Madariaga
MAD
Villa Gesell
VILLA GESELL
242 GES
349°
PULPA
W60
FL 80
298°
UW29
VOTRA
086°
SA(R)-36
SA(R)-31
Coronel Vidal
TANDIL SAZT 19-01
Heroes de Malvinas
028°
046°
001°
344°
028°
MAR DEL PLATA
Astor Piazzolla
MAR DEL PLATA
116.2 MDP
124°
W28
FL 50
ESURO
304°

SAZM/MDQ
ASTOR PIAZZOLLA

11-2

MAR DEL PLATA, ARGENTINA
No.2
VOR DME ILS DME Rwy 13
(DME Arc)

BRIEFING STRIP

MAR DEL PLATA Approach	MAR DEL PLATA Tower	Ground
118.75	118.75	121.7

LOC MP	Final Apch Crs	GS LOM	ILS DA(H)	
109.5	128°	1370′ (1299′)	271′ (200′)	Apt Elev 71′ RWY 13 71′

MISSED APCH: Climb on 128° heading to 3000′ and follow instructions from CONTROL.

Alt Set: hPa Rwy Elev: 3 hPa Trans level: By ATC Trans alt: 3000′
1. MDP VOR DME required.

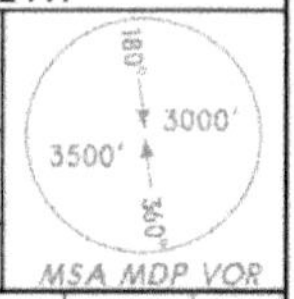

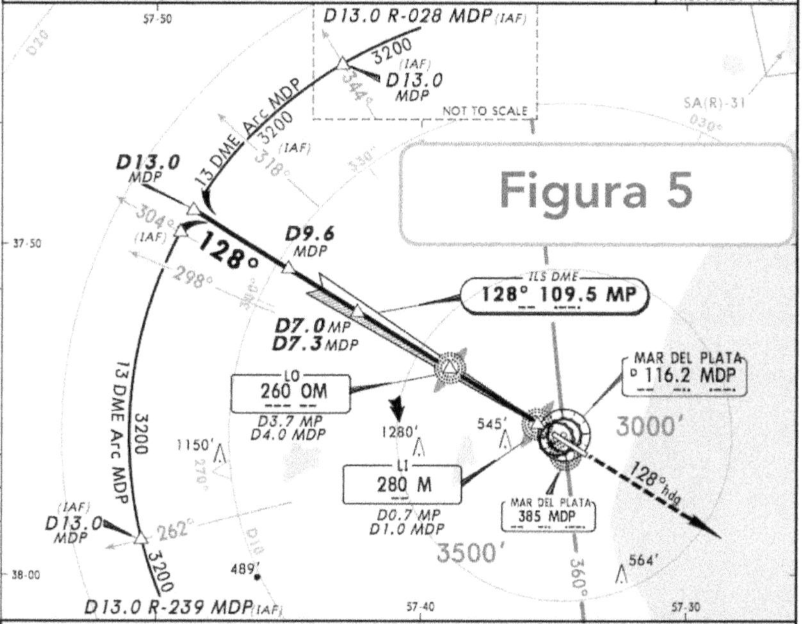

Figura 5

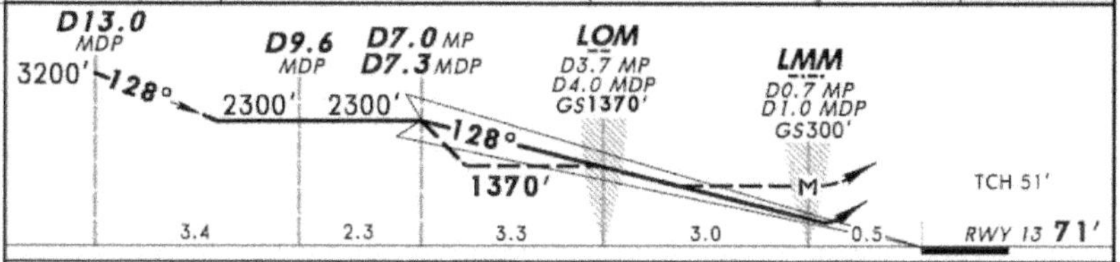

Gnd speed-Kts		120	140	160	180
ILS GS	3.00°	637	743	849	956
MAP at LMM or LOM to MAP	3.0	1:30	1:17	1:08	1:00

SALS PAPI — 3000′ on 128° hdg

PANS OPS

	STRAIGHT-IN LANDING RWY13					CIRCLE-TO-LAND
	ILS DA(H) 271′ (200′)		LOC (GS out) MDA(H) 460′ (389′)			Not Authorized South of Runway 13/31 Centerline
	FULL	ALS out		ALS out	Max Kts	MDA(H)
C	900m	1200m	1600m	2000m	180	860′ (789′)-3700m
D	900m	1200m	2000m	2400m	205	860′ (789′)-4600m

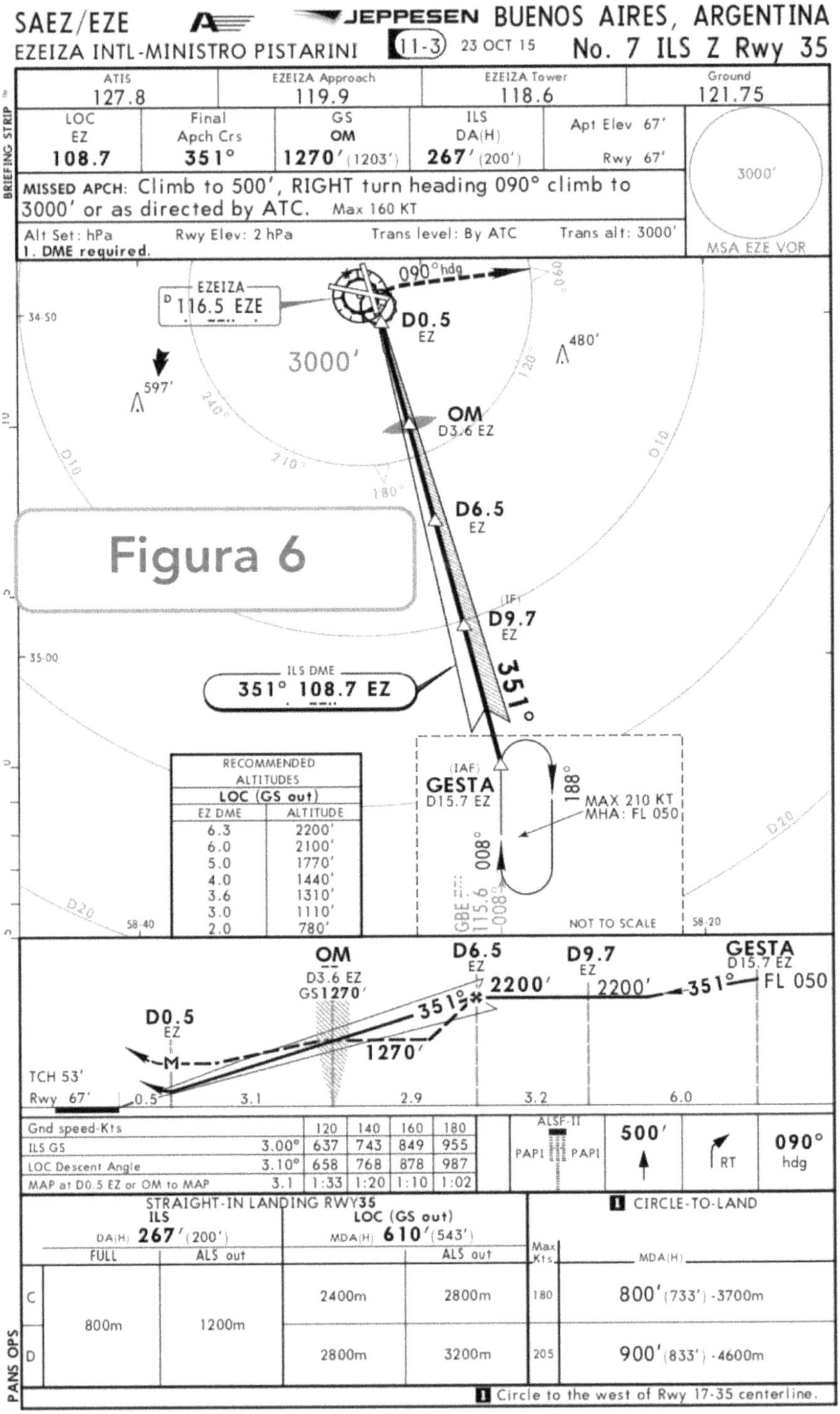
SAEZ/EZE
JEPPESEN BUENOS AIRES, ARGENTINA
EZEIZA INTL-MINISTRO PISTARINI
11-3
23 OCT 15
No. 7 ILS Z Rwy 35
ATIS 127.8
EZEIZA Approach 119.9
EZEIZA Tower 118.6
Ground 121.75
LOC EZ 108.7
Final Apch Crs 351°
GS OM 1270′ (1203′)
ILS DA(H) 267′ (200′)
Apt Elev 67′
Rwy 67′
3000′
MSA EZE VOR
MISSED APCH: Climb to 500′, RIGHT turn heading 090° climb to 3000′ or as directed by ATC. Max 160 KT
Alt Set: hPa
Rwy Elev: 2 hPa
Trans level: By ATC
Trans alt: 3000′
1. DME required.
BRIEFING STRIP
EZEIZA
116.5 EZE
090° hdg
D0.5 EZ
480′
3000′
597′
OM D3.6 EZ
D6.5 EZ
(IF) D9.7 EZ
ILS DME
351° 108.7 EZ
351°
34-50
35-00
58-40
58-20
RECOMMENDED ALTITUDES
LOC (GS out)
EZ DME / ALTITUDE
6.3 / 2200′
6.0 / 2100′
5.0 / 1770′
4.0 / 1440′
3.6 / 1310′
3.0 / 1110′
2.0 / 780′
(IAF) GESTA D15.7 EZ
188°
008°
MAX 210 KT
MHA: FL 050
GBE 115.6
NOT TO SCALE
OM D3.6 EZ GS 1270′
D6.5 EZ
D9.7 EZ
GESTA D15.7 EZ
2200′
2200′
351°
FL 050
D0.5 EZ
1270′
TCH 53′
Rwy 67′
0.5
3.1
2.9
3.2
6.0
Gnd speed-Kts 120 140 160 180
ILS GS 3.00° 637 743 849 955
LOC Descent Angle 3.10° 658 768 878 987
MAP at D0.5 EZ or OM to MAP 3.1 1:33 1:20 1:10 1:02
ALSF-II
PAPI
PAPI
500′
RT
090° hdg
STRAIGHT-IN LANDING RWY35
ILS
DA(H) 267′ (200′)
FULL
ALS out
LOC (GS out)
MDA(H) 610′ (543′)
ALS out
C 800m 1200m 2400m 2800m
D 2800m 3200m
CIRCLE-TO-LAND
Max Kts
MDA(H)
180 800′ (733′) -3700m
205 900′ (833′) -4600m
Circle to the west of Rwy 17-35 centerline.
PANS OPS

Figura 6

SAEZ/EZE — JEPPESEN — BUENOS AIRES, ARGENTINA

EZEIZA INTL-MINISTRO PISTARINI — 4 MAY 18 (13-1) — No. 10

VOR DME Z Rwy 29

ATIS	EZEIZA Approach	EZEIZA Tower	Ground
127.8	119.9	118.6	121.75

BRIEFING STRIP ™

VOR EZE	Final Apch Crs	Minimum Alt D7.4	MDA(H)	Apt Elev 67' Rwy 66'
116.5	**285°**	**2200'**(2134')	**410'**(344')	Apt Elev 67' / Rwy 66'

MSA EZE VOR: 3000'

MISSED APCH: Climb heading 285° to 3000' or as directed by ATC.

Alt Set: hPa — Rwy Elev: 2 hPa — Trans level: By ATC — Trans alt: 3000'

1. **DME required.** 2. No holding.

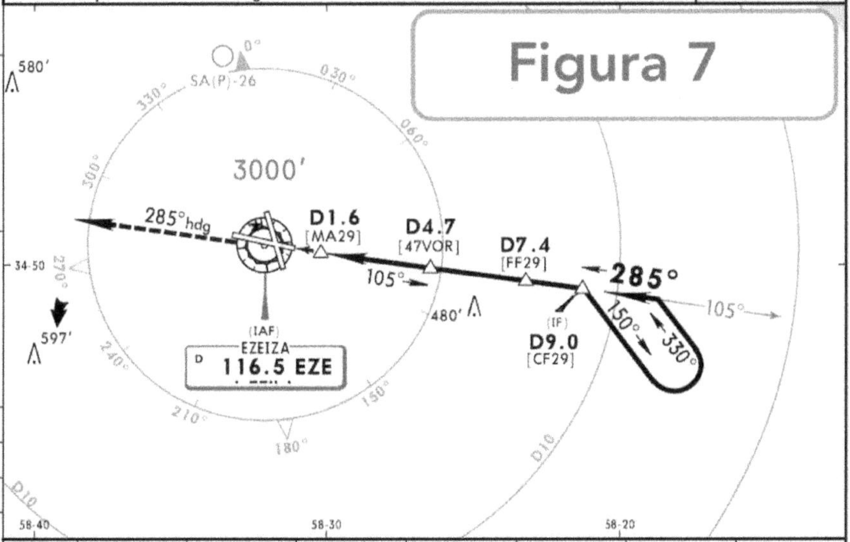

EZE DME	2.0	3.0	4.0	4.7	5.0	6.0	7.0
ALTITUDE	500'	820'	1130'	1350'	1450'	1760'	2080'

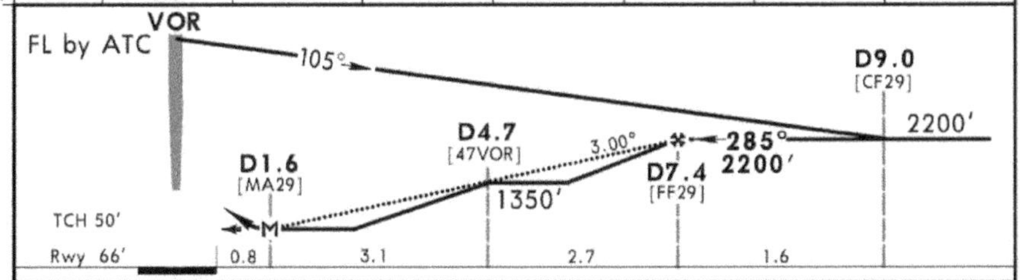

Gnd speed-Kts		120	140	160	180
Descent Angle	3.00°	637	743	849	955
MAP at D1.6 or D7.4 to MAP	5.8	2:54	2:29	2:10	1:56

PAPI — **3000'** ↑ **285°** hdg

	STRAIGHT-IN LANDING RWY **29**		CIRCLE-TO-LAND
	MDA(H) **410'**(344')	Max Kts	MDA(H)
C	2400m	C	NA
D	3200m	D	

PANS OPS

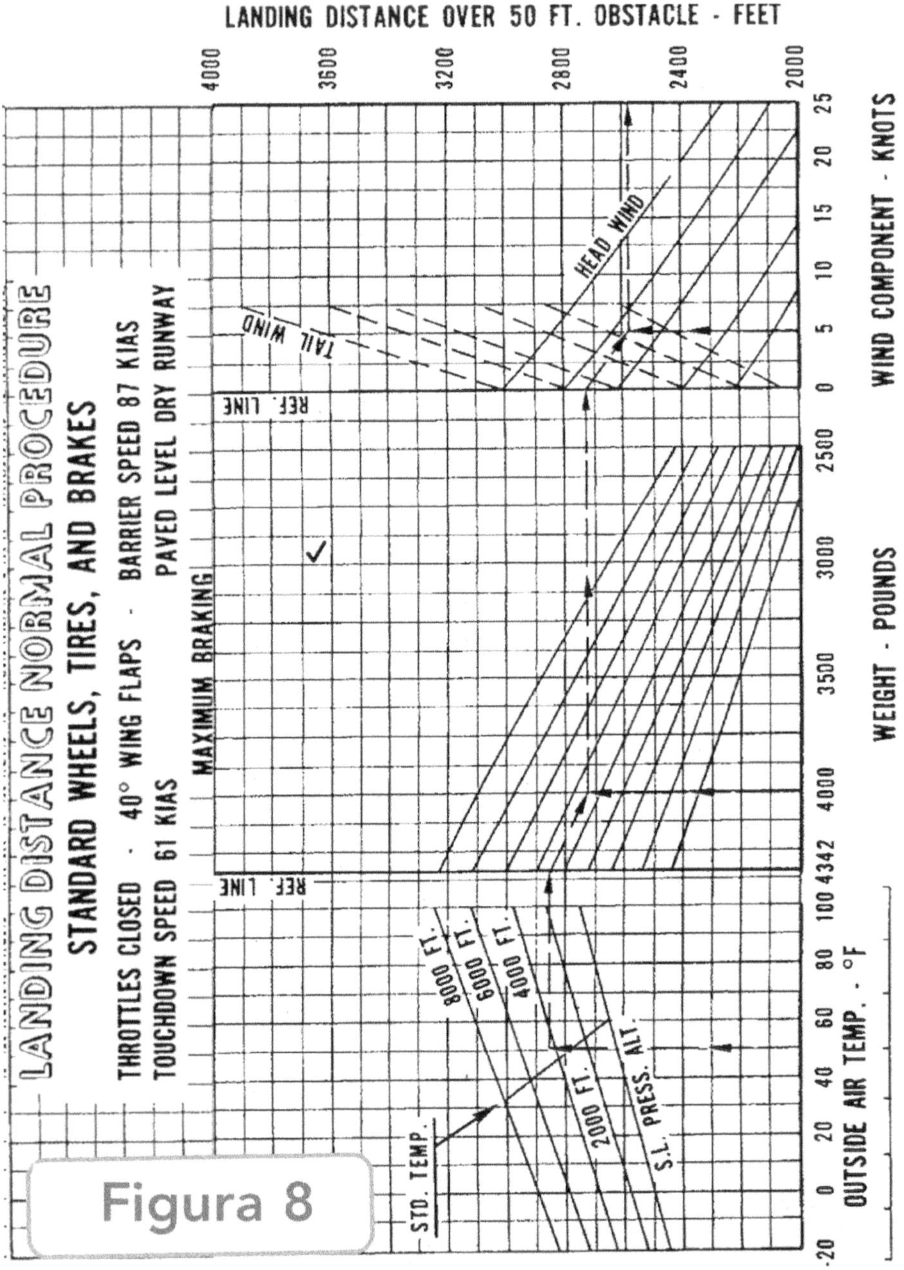
LANDING DISTANCE NORMAL PROCEDURE
STANDARD WHEELS, TIRES, AND BRAKES
THROTTLES CLOSED - 40° WING FLAPS - BARRIER SPEED 87 KIAS
TOUCHDOWN SPEED 61 KIAS
PAVED LEVEL DRY RUNWAY
MAXIMUM BRAKING
LANDING DISTANCE OVER 50 FT. OBSTACLE - FEET
4000
3600
3200
2800
2400
2000
HEAD WIND
TAIL WIND
REF. LINE
REF. LINE
STD. TEMP.
8000 FT.
6000 FT.
4000 FT.
2000 FT.
S.L. PRESS. ALT.
-20
0
20
40
60
80
100
OUTSIDE AIR TEMP. - °F
4342
4000
3500
3000
2500
WEIGHT - POUNDS
0
5
10
15
20
25
WIND COMPONENT - KNOTS

Figura 8

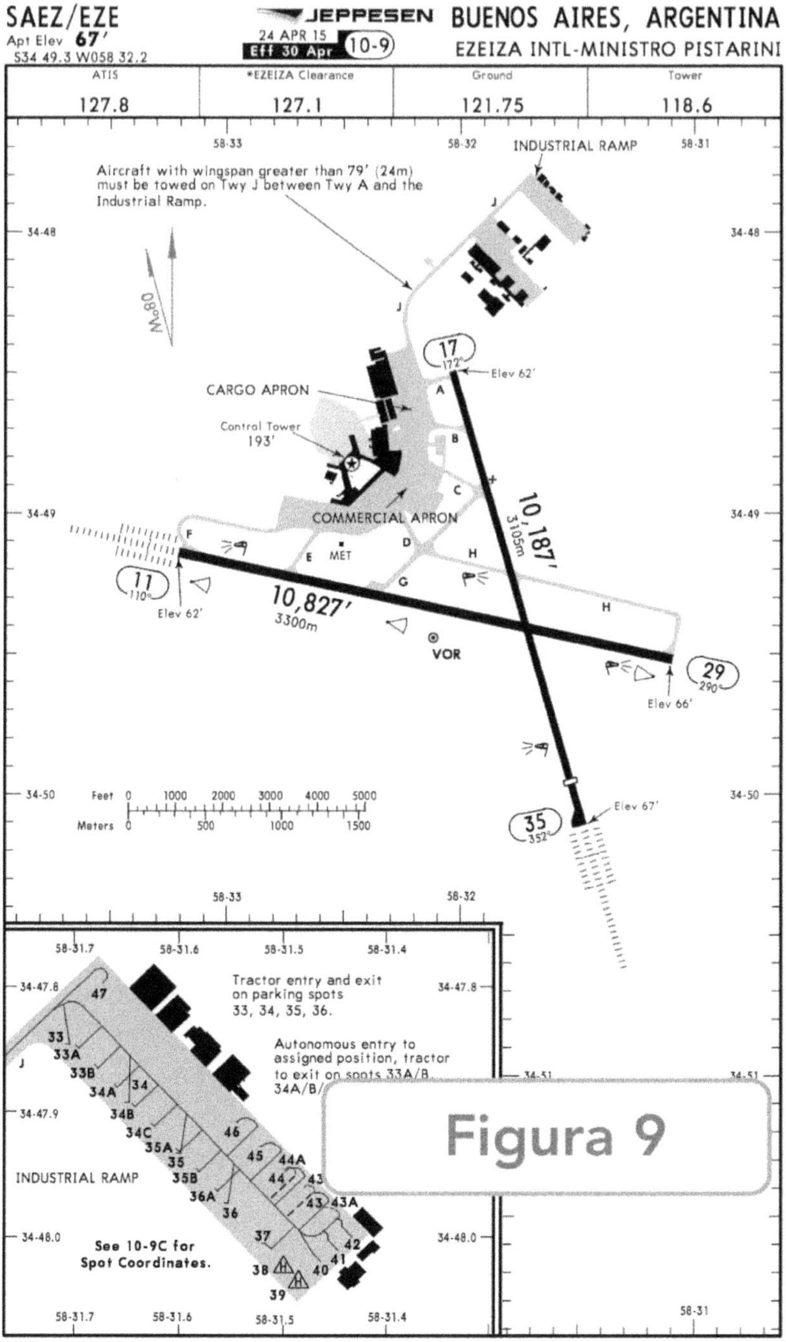
SAEZ/EZE
Apt Elev 67'
S34 49.3 W058 32.2
JEPPESEN
24 APR 15
Eff 30 Apr
10-9
BUENOS AIRES, ARGENTINA
EZEIZA INTL-MINISTRO PISTARINI
ATIS 127.8
*EZEIZA Clearance 127.1
Ground 121.75
Tower 118.6
INDUSTRIAL RAMP
Aircraft with wingspan greater than 79' (24m) must be towed on Twy J between Twy A and the Industrial Ramp.
8°W
CARGO APRON
Control Tower 193'
COMMERCIAL APRON
MET
VOR
Elev 62'
Elev 62'
Elev 66'
Elev 67'
10,827' 3300m
10,187' 3105m
Feet 0 1000 2000 3000 4000 5000
Meters 0 500 1000 1500
Tractor entry and exit on parking spots 33, 34, 35, 36.
Autonomous entry to assigned position, tractor to exit on spots 33A/B, 34A/B/
See 10-9C for Spot Coordinates.

Figura 9

Piloto Comercial de Avión

Hola! Soy el Capitán Thomas. Nos encontramos nuevamente si es que has realizado el examen de Piloto Privado conmigo, de no ser así, mucho gusto! Volaremos juntos e iré guiándote en cada maniobra que realices, según las exigencias de la autoridad aeronáutica. Recuerda que cada error cuenta, y tendremos un limite de una maniobra incorrecta a lo largo del examen, al segundo error deberemos finalizar el mismo. Te graduarás de Piloto Comercial y eso conlleva una exigencia mayor a diferencia del examen anterior. Pero estoy seguro que te has capacitado como debes para aprobar con honores!

Hoy volaremos un PIPER PA-34 SENECA con un equipamiento FULL IFR! Una excelente aeronave para instrucción avanzada.

Sin demoras...

Iniciemos tu examen!

Sigue a la pagina 105

Respuesta Incorrecta!

"ES TU PRIMER ERROR"

No te alarmes, es tu primer error. El examen recién comienza, pero recuerda que ya no tienes mas errores permitidos para lo que resta de tu examen!. Recuerda que existe varias formas de alejarse por un radial. En nuestro caso en particular podríamos haber realizado un alejamiento simple, virando por derecha al rumbo 180° o al rumbo 210°, según sea mas conveniente, luego "Set Vor 240 From" y al momento que el CDI inicie su recorrido hacia el centro, virar lentamente hacia el rumbo 240 final.

Ten en cuenta que estos procedimientos son muy frecuentes en el ámbito laboral aeronáutico, así que mi recomendación es que tengas bien claro como hacerlos en todas sus variables.

Muy bien, hemos aprendido algo. Que este error nos sirva de lección. Mantén la calma y continuemos con tu examen!

Este es tu última oportunidad. Sigue en la página 102

Sigamos Adelante!

"Llevas 1 Error"

No te desanimes esto recién comienza! Ahora si estamos listo para despegar. El control ha indicado que realicemos la salida **KUKEN 7** (ver página 079) despegando de la pista 13 del aeropuerto de la ciudad de Buenos Aires, Argentina (SABE). Para cumplir con la salida estandarizada según el requerimiento del control, debemos...

Opción 1: Posterior al despegue, viraje por izquierda, rumbo 040° hasta cruzar R097FDO. Posterior viraje izquierda hasta interceptar R029EZE para luego virar por derecha a rumbo 029° hasta llegar a la posición KUKEN a 42 NM de Ezeiza. **Sigue en la pagina 109.**

Opción 2: Posterior al despegue, viraje por derecha, rumbo 040° hasta cruzar R029EZE. Posterior viraje izquierda hasta interceptar a rumbo 029° hasta llegar a la posición KUKEN a 42 NM de Ezeiza. **Sigue en la pagina 121.**

Opción 3: Posterior al despegue, viraje por izquierda, rumbo 040° hasta cruzar R097FDO. Luego seguir instrucciones del control ya que, a partir de este punto, la SID no detalla rumbos a seguir. **Sigue en la pagina 105.**

Excelente Respuesta!

Lo estas haciendo muy bien! Sigue así y te graduarás con honores. Continuemos! Respecto del NDB estamos en la posición 210 o QDR 210. Por ordenamiento de transito, el control solicita que ingresemos por el QDM 340. Por tal motivo debemos realizar un cambio de posición de ADF y haremos lo siguiente:

Opción 1: Viraje por izquierda al 340° hasta volar lateral al NDB, luego continuamos por el 340° durante 60 segundos mas, luego viraje por derecha al 070° y al alcanzar el QDM 340, viraje por izquierda al rumbo 340°. ***Sigue en la pagina 115.***

Opción 2: Viraje por izquierda al rumbo 070° hasta interceptar el DQM 340 y luego viraje por izquierda al rumbo 340° para continuar proa hacia el NDB, ingresando por la posición 160. ***Sigue en la pagina 120.***

Opción 3: Considerando que se trata de un NDB y no de radiales de un VOR, bastará simplemente con realizar un viraje por izquierda al rumbo 340° ya que éste será el QDM 340 también. ***Sigue en la pagina 113.***

Sigamos Adelante!

"Llevas 1 Error"

No te desanimes, esto recién comienza! Es hora de practicar algunos procedimientos de ingresos, alejamientos y esperas. Recuerda que VANAR es la posición R317 FDO a 12NM. Volvamos al VOR de FDO pero debemos ingresar por el Radial 280 y realizar una espera en el Radial 030 por izquierda sobre el VOR FDO. Tómate tu tiempo y cuéntame como se desarrolla este procedimiento.

Opción 1: Viraje por derecha a rumbo 200°, "Vor Set 280 To", viraje por izquierda a rumbo 100° y posterior incorporación por "vuelo paralelo". ***Sigue en la pagina 109.***

Opción 2: Viraje por derecha a rumbo 190°, "Vor Set 280 To", viraje por izquierda a rumbo 100° y posterior incorporación por "gota de agua". ***Sigue en la pagina 131.***

Opción 3: Viraje por derecha a rumbo 200°, "Vor Set 030 To" (radial de espera), viraje por izquierda a rumbo 100° y posterior incorporación por "gota de agua". ***Sigue en la pagina 121.***

Respuesta Incorrecta!

“ES TU PRIMER ERROR”

No te alarmes, es tu primer error. El examen recién comienza, pero recuerda que ya no tienes mas errores permitidos para lo que resta de tu examen!.

El procedimiento de ARCO DME es algo complejo al principio pero luego se vuelve bastante simple. Recuerda que este procedimiento se trata, ni mas ni menos, que de realizar un semicírculo sobre un VOR, manteniendo la distancia e interceptando radiales, de 10 en 10 hasta llegar al radial final, para terminar alejando o ingresando por el mismo.

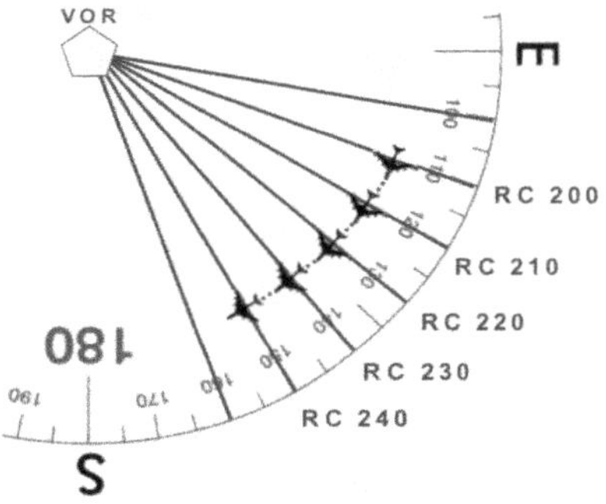

Ten en cuenta que estos procedimientos son muy habituales en el trabajo día a día de esta profesión. Te recomiendo que practiques cada uno de estos procedimientos tantas veces como sean necesarias, para lograr entenderlos y aprenderlos a la perfección.

Muy bien, hemos aprendido algo. Que este error nos sirva de lección. Mantén la calma y continuemos con tu examen!

Este es tu última oportunidad. Sigue en la página 114

Bien hecho!

El plan de vuelo es un documento que debemos completar previo a la salida de todo vuelo. Muy bien, llegamos al avión y tenemos la urgencia de salir de inmediato antes de que las condiciones climáticas empeoren! De todos modos tenemos algunas tareas previas que debemos completar, previo a iniciar nuestro vuelo. Iniciaremos de la siguiente manera:

Opción 1: Preparamos la cabina según la SID a utilizar. Escuchamos el ATIS y solicitamos el permiso de transito. Finalmente solicitamos la puesta en marcha. ***Sigue en la pagina 88.***

Opción 2: Solicitamos el permiso de transito. Escuchamos el ATIS. Preparamos la cabina según la SID a utilizar. Y finalmente solicitamos la puesta en marcha. ***Sigue en la pagina 116.***

Opción 3: Escuchamos el ATIS. Solicitamos el permiso de transito. Preparamos la cabina según la SID a utilizar. Y finalmente solicitamos la puesta en marcha. ***Sigue en la pagina 96.***

Excelente Respuesta!

Has realizado la carta a la perfección! Ya estamos próximos a llegar al MAP y ha salido el nuevo informe meteorológico, seleccionamos el ATIS y describe lo siguiente:

SABE 120900 270/05 4000 FGRA OVC 009 12/12

TAF SABE 030800Z 0309/0409 27005KT 2000 TSRA

Aquí debemos tomar una decisión urgente ya que nos aproximamos al MAP y debemos decidir si continuamos con el aterrizaje o discontinuamos la aproximación y nos dirigimos a la alternativa. Recuerda que nuestro equipo de ILS presentó fallas en SAEZ, por lo cual, no es confiable su operación. Es hora de asumir el liderazgo. Cuéntame como seguiremos:

Opción 1: En el MAP, continuamos el escape publicado, viraje por derecha, ascenso a 3000 e interceptar el R113 FDO. Luego solicitamos una aproximación para la pista 13, donde sus mínimos son mas bajos y nos permitirán aterrizar. ***Sigue en la pagina 123.***

Opción 2: Al llegar al MAP, continuamos la aproximación frustrada publicada, viraje por derecha, ascenso a 3000 e interceptar el R113 FDO, luego solicitamos espera sobre ILM a FL050 hasta que las condiciones meteorológicas mejoren. ***Sigue en la pagina 127.***

Opción 3: Al llegar al MAP, continuamos la aproximación frustrada publicada, viraje por derecha, ascenso a 3000 e interceptar el R113 FDO. Posterior, volar a la alternativa. ***Sigue en la pagina 146.***

Excelente Respuesta!

Así se hace! El orden de los pasos antes de iniciar el vuelo es de extrema importancia para minimizar el margen de error. Ahora si estamos listo para despegar. El control ha indicado que realicemos la salida **KUKEN 7** (ver página 079) despegando de la pista 13 del aeropuerto de la ciudad de Buenos Aires, Argentina (SABE). Para cumplir con la salida estandarizada según el requerimiento del control, debemos...

Opción 1: Posterior al despegue, viraje por izquierda, rumbo 040° hasta cruzar R097FDO. Posterior viraje izquierda hasta interceptar R029EZE para luego virar por derecha a rumbo 029° hasta llegar a la posición KUKEN a 42 NM de Ezeiza. **Sigue en la pagina 142.**

Opción 2: Posterior al despegue, viraje por derecha, rumbo 040° hasta cruzar R029EZE. Posterior viraje izquierda hasta interceptar a rumbo 029° hasta llegar a la posición KUKEN a 42 NM de Ezeiza. **Sigue en la pagina 130.**

Opción 3: Posterior al despegue, viraje por izquierda, rumbo 040° hasta cruzar R097FDO. Luego seguir instrucciones del control ya que, a partir de este punto, la SID no detalla rumbos a seguir. **Sigue en la pagina 105.**

Excelente Respuesta!

Así se hace! Estamos ingresando por el radial 280 de FDO. Vamos a cancelar el procedimiento de espera y vamos realizar un alejamiento por el radial 240 lo mas rápido posible ya que nos estamos acercando hacia la estación VOR. Muéstrame como lo hacen los profesionales, detallando paso a paso el procedimiento.

Opción 1: En primera instancia viraje por derecha a rumbo 180°, luego ***"Set Vor R240 From"***. Y por ultimo, viraje por derecha a rumbo 240°. ***Sigue en la pagina 103.***

Opción 2: En primera instancia viraje por derecha a rumbo 180°, luego ***"Set Vor R240 To"***. Y por ultimo, viraje por derecha a rumbo 240°. ***Sigue en la pagina 89.***

Opción 3: Simplemente viraje por derecha a rumbo 240°, y luego ***"Set Vor R240 From"***. ***Sigue en la pagina 96.***

Respuesta Incorrecta!

"ES TU PRIMER ERROR"

No te alarmes, es tu primer error. El examen recién comienza, pero recuerda que ya no tienes mas errores permitidos para lo que resta de tu examen! La finalidad de un plan de vuelo es notificar a todas las áreas de servicios, todos los detalles de nuestro vuelo. Para que todas las secciones sean informadas, debemos presentar el plan con anterioridad, de esta manera le daremos tiempo al personal correspondiente de notificar los detalles de nuestro plan.

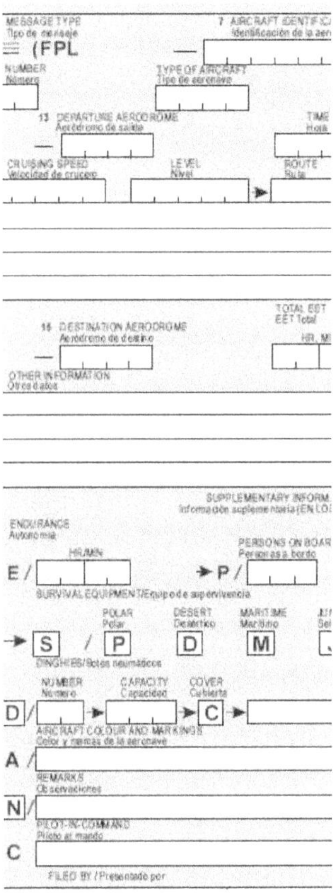

Recuerda que el plan de vuelo se define por las reglas de vuelo a operar, que en nuestro caso eran reglas de vuelo "I" (IFR). Para estas reglas de vuelo se requiere declarar dos alternativas y presentar el plan de vuelo con una anticipación de 45 minutos para su respectiva coordinación.

Muy bien, hemos aprendido algo. Que este error nos sirva de lección. Mantén la calma y continuemos con tu examen!

¡Este es tu última oportunidad!

Sigue en la pagina 107

Excelente Respuesta!

Así se hace! Un procedimiento rápido y efectivo. Ahora continuemos con tu examen. Cambiemos de zona y volemos directo hacia el aeropuerto de Ezeiza, Argentina (SAEZ). Al dirigirnos hacia el VOR EZE le informamos al control que estamos ingresando por el radial 050 a 35 NM. Instantes mas tarde el control nos indica que ingresemos por el radial 350. Parece un ingreso simple, ¿que opinas si realizamos un ARCO DME?. Adelante, cuéntame como se desarrolla este procedimiento.

Opción 1: Viraje por derecha rumbo 310°, VOR set R040, manteniendo la distancia de 35NM. Al llegar al radial, viraje por izquierda a 10° mas de rumbo y set VOR 10 radiales menos, y así sucesivamente hasta el radial de ingreso. ***Sigue en la pagina 93.***

Opción 2: Viraje por izquierda rumbo 310°. Al llegar al R040, viraje por izquierda a rumbo 300° y VOR set R030TO. Al llegar al radial, viraje por izquierda a 10° mas de rumbo y set VOR 10 radiales menos, y así sucesivamente hasta el radial de ingreso ***Sigue en la pagina 119.***

Opción 3: Viraje por derecha rumbo 310°, VOR set R040TO. Al llegar al R040, viraje por izquierda a rumbo 300° y VOR set R030TO. Al llegar al radial, viraje por izquierda a 10° mas de rumbo y set VOR 10 radiales menos, y así sucesivamente hasta el radial de ingreso ***Sigue en la pagina 122.***

Respuesta Incorrecta!

"ES TU PRIMER ERROR"

No te alarmes, es tu primer error. El examen recién comienza, pero recuerda que ya no tienes mas errores permitidos para lo que resta de tu examen!. Existen diferentes "Técnicas" para realizar un vuelo directo hacia un determinado punto. En nuestro caso en particular, estábamos ingresando por el radial 040 de FDO y el control indico volar directo hacia la posición VANAR. Volar hasta el VOR y luego alejar por el radial 317 hasta las 12 NM es incorrecto por que no estaríamos volando DIRECTO a VANAR, sino directo al VOR para luego volar hacia VANAR.

Si hubiésemos optado pro volar con rumbo 317° hasta las 12 NM de FDO también hubiese sido incorrecto por que un rumbo no es una posición y VANAR esta en la POSICION radial 317 a 12NM.

Como ultima opción quedaba volar directo a VANAR con rumbo 245°, que hubiese sido el resultado del calculo, sea cual sea la técnica utilizada. Volando c=rumbo 245° durante un determinado periodo hubiésemos cruzado la posición exacta del radial 317 a 12 NM del VOR de FDO. Muy bien, hemos aprendido algo. Que este error nos sirva de lección. Mantén la calma y continuemos con tu examen!

Este es tu última oportunidad. Sigue en la pagina 92

Respuesta Incorrecta!

"ES TU PRIMER ERROR"

No te alarmes, es tu primer error. A esta altura llevas el examen muy bien, pero recuerda que ya no tienes mas errores permitidos para lo que resta de tu examen!. Observemos el extracto de la carta donde se detalla la aproximación frustrada. Como podemos leer en él, los separa en tres pasos, primero ascenso a 500FT, luego viraje por derecha a rumbo 125° y finalmente ascenso a 3000FT o según instrucciones del ATC.

MISSED APCH: Climb to 500', RIGHT turn heading 125° climb to 3000' or as directed by ATC.

En la sección inferior derecha de la carta también podemos encontrar la misma información, con una codificación diferente pero con el mismo desarrollo del procedimiento de aproximación frustrada.

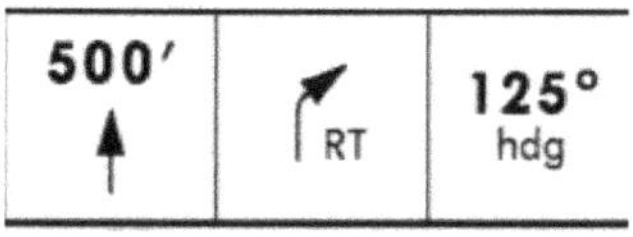

Ten en cuenta que estos procedimientos son muy frecuentes en el ámbito laboral aeronáutico, así que mi recomendación es que tengas bien claro como hacerlos en todas sus variables. Muy bien, hemos aprendido algo. Que este error nos sirva de lección. Mantén la calma y continuemos con tu examen!

Este es tu última oportunidad. Sigue en la pagina 133

Sigamos Adelante!
"Llevas 1 Error"

No te desanimes esto recién comienza! Continuemos en alejamiento por el radial 240 de FDO hasta las 20 NM y allí vamos a volver a ingresar por el radial 240 de FDO. "OK, el control acaba de solicitarnos que ingresemos inmediatamente por el radial 240 de FDO", debido a la presencia de otros tránsitos. Sin demoras, ingresemos inmediatamente por el radial 240. Recuenta que el viento proviene desde el sector SUR.

Opción 1: Realizaremos un procedimiento de gota de agua por derecha o izquierda para ingresar por el radial 240, el mismo por el que nos encontramos alejando. ***Sigue en la pagina 121.***

Opción 2: Realizaremos un procedimiento de "OACI" por izquierda para ingresar por el radial 240, el mismo por el que nos encontramos alejando. ***Sigue en la pagina 92.***

Opción 3: Realizaremos un procedimiento de "90-270" por derecha para ingresar por el radial 240, el mismo por el que nos encontramos alejando. ***Sigue en la pagina 108.***

Sigamos Adelante!

"Llevas 1 Error"

No te desanimes que vienes muy bien Estamos ingresando por el radial 350 de EZE a 30NM. Veo que estás bien preparado para este examen, y considero que quizás pueda exigirte un poco mas. Intentemos una aproximación ILS a la pista 11 de Ezeiza. Observa la carta de aproximación (ver página 080), prepara la cabina e iniciemos cuanto antes. Recuerda que toda carta de aproximación tiene un principio y un final.

Los pasos siguientes serán…

SAEZ/EZE JEPPESEN BUENOS AIRES, ARGENTINA
EZEIZA INTL-MINISTRO PISTARINI 11-1 23 OCT 15 No. 3 ILS X Rwy 11

ATIS	EZEIZA Approach	EZEIZA Tower	Ground
127.8	119.9	118.6	121.75

LOC | Final | GS | ILS | Ant Elev 67'

Opción 1: Virar por derecha al rumbo 215° para volar directo hasta ARSOT en R290EZE a 17.5NM de PC, para luego continuar con el ILS PC 110.1. ***Sigue en la pagina 124.***

Opción 2: Virar por derecha al rumbo 290° para volar directo hasta ARSOT en R290EZE a 17.5NM de PC, para luego continuar con el ILS PC 110.1. ***Sigue en la pagina 121.***

Opción 3: Virar por derecha al rumbo 200° para volar directo hasta ARSOT en R290EZE a 17.5NM de EZE, para luego continuar con el ILS PC 110.1. ***Sigue en la pagina 131***

Respuesta Incorrecta!

"ES TU PRIMER ERROR"

No te alarmes, es tu primer error. El examen recién comienza, pero recuerda que ya no tienes mas errores permitidos para lo que resta de tu examen!. Si bien existen tres procedimientos para realizar ingresos por el mismo radial por el cual estamos alejando, entre ellos existe una variable que los diferencia claramente, y es el factor "Tiempo". Tanto en el procedimiento de Gota de Agua como en el procedimiento OACI, es necesario volar durante 60 segundos en un determinado rumbo para luego volver hacia la estación VOR. Por otra parte en el procedimiento 90-270, no existe este factor de tiempo a volar, por lo cual, podríamos asumir que es la opción mas ágil de las tres existentes.

En nuestro caso en particular, el control había solicitado que ingresemos inmediatamente por el radial 240, por lo que no era una opción tomarse esos 60 segundos de alejamiento. Ante tal circunstancia, lo mas adecuado hubiese sido optar por el procedimiento de 90-270. Y RECUERDA, los tres procedimientos se realizan, siempre que sea posible, a FAVOR de la dirección del viento.

Muy bien, hemos aprendido algo. Que este error nos sirva de lección. Mantén la calma y continuemos con tu examen!

Este es tu última oportunidad.

Sigue en la pagina 108

Piloto Comercial de Avión

Iniciemos tu examen. Llegamos al aeropuerto, y es momento de pasar por la oficina de meteorología. Allí hemos comprobado que las condiciones meteorológicas se encuentran marginales pero dentro de los parámetros permitidos (condiciones meteorológicas IMC), por lo cual solo resta completar el plan de vuelo, realizar el chequeo de la aeronave, abordar y salir a volar! Deseamos salir cuanto antes, por lo cual, debemos presentar el plan de vuelo…

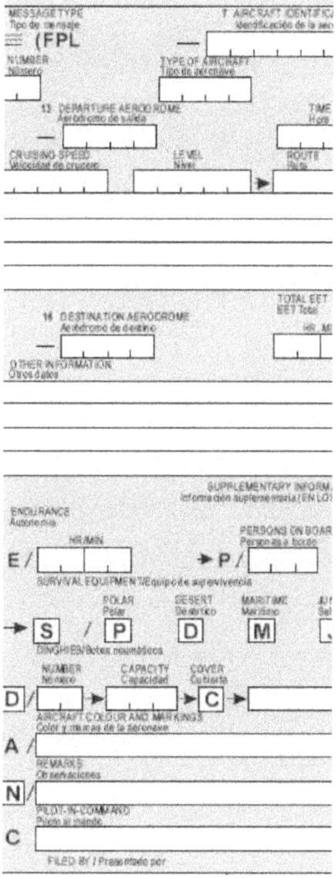

Opción 1: agregando una alternativa y de inmediato antes de que las condiciones meteorológicas empeoren y el aeropuerto quede cerrado bajo mínimos meteorológicos. ***Sigue en la pagina 98.***

Opción 2: agregando dos alternativas y con una antelación de 45 minutos previo a la hora prevista de salida, según las regulaciones vigentes. ***Sigue en la pagina 94.***

Opción 3: agregando dos alternativas según la autonomía y con una antelación de 30 minutos para la coordinación del vuelo en la oficina de "Plan de Vuelo" . ***Sigue en la pagina 78.***

Respuesta Incorrecta!

"ES TU PRIMER ERROR"

No te alarmes, es tu primer error. El examen recién comienza, pero recuerda que ya no tienes mas errores permitidos para lo que resta de tu examen!. Como te mencione en mi pequeña ayuda, el procedimiento inicia en la posición ARSOT, ya que la carta indica el IAF (Initial approach fix) en dicho punto. Para ello debemos volar directo a el con rumbo 215°, según el calculo de "vuelo directo".

Por otra parte, como vemos en la descripción, esta carta detalla "No 3 ILS X RWY 11", es decir, indica que este procedimiento se realiza únicamente con el ILS y sin agregan el VOR, sino sería VOR ILS. Entendiendo esto, debemos descartar la posibilidad de tomar la distancia de ARSOT con el DME del VOR EZE.

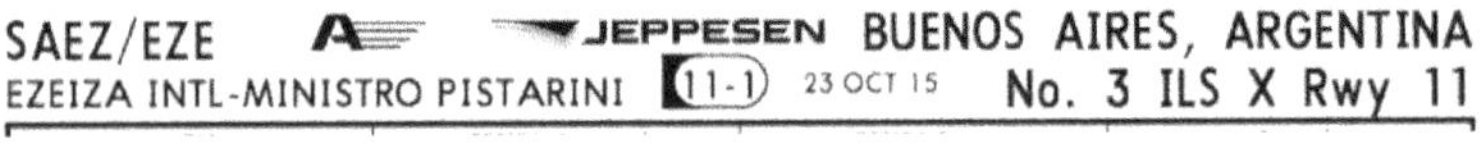

Muy bien, hemos aprendido algo. Que este error nos sirva de lección. Mantén la calma y continuemos con tu examen!

Este es tu última oportunidad. Sigue en la pagina 124

Bien hecho!

"Llevas 1 Error"

El plan de vuelo es un documento que debemos completar previo a la salida de todo vuelo. Muy bien, llegamos al avión y tenemos la urgencia de salir de inmediato antes de que las condiciones climáticas empeoren! De todos modos tenemos algunas tareas previas que debemos completar, previo a iniciar nuestro vuelo. Iniciaremos de la siguiente manera:

Opción 1: Preparamos la cabina según la SID a utilizar. Escuchamos el ATIS y solicitamos el permiso de transito. Finalmente solicitamos la puesta en marcha. ***Sigue en la pagina 121.***

Opción 2: Solicitamos el permiso de transito. Escuchamos el ATIS. Preparamos la cabina según la SID a utilizar. Y finalmente solicitamos la puesta en marcha. ***Sigue en la pagina 105.***

Opción 3: Escuchamos el ATIS. Solicitamos el permiso de transito. Preparamos la cabina según la SID a utilizar. Y finalmente solicitamos la puesta en marcha. ***Sigue en la pagina 90.***

Sigamos Adelante!

"Llevas 1 Error"

No te desanimes esto recién comienza! Cambiemos de zona y volemos directo hacia el aeropuerto de Ezeiza, Argentina (SAEZ). Al dirigirnos hacia el VOR EZE le informamos al control que estamos ingresando por el radial 050 a 35 NM. Instantes más tarde el control nos indica que ingresemos por el radial 350. Parece un ingreso simple, ***que opinas si realizamos un ARCO DME?***. Adelante, cuéntame como se desarrolla este procedimiento.

Opción 1: Viraje por derecha rumbo 310°, VOR set R040, manteniendo la distancia de 35NM. Al llegar al radial, viraje por izquierda a 10° mas de rumbo y set VOR 10 radiales menos, y así sucesivamente hasta el radial de ingreso. ***Sigue en la pagina 131.***

Opción 2: Viraje por izquierda rumbo 310°. Al llegar al R040, viraje por izquierda a rumbo 300° y VOR set R030TO. Al llegar al radial, viraje por izquierda a 10° mas de rumbo y set VOR 10 radiales menos, y así sucesivamente hasta el radial de ingreso ***Sigue en la pagina 121.***

Opción 3: Viraje por derecha rumbo 310°, VOR set R040TO. Al llegar al R040, viraje por izquierda a rumbo 300° y VOR set R030TO. Al llegar al radial, viraje por izquierda a 10° mas de rumbo y set VOR 10 radiales menos, y así sucesivamente hasta el radial de ingreso ***Sigue en la pagina 103.***

Sigamos Adelante!
"Llevas 1 Error"

No te desanimes esto recién comienza! Continuando con la salida y previo a llegar a la posición KUKEN, el control de transito nos solicita volar directo al VOR FDO, viramos nuestro avión proa hacia el VOR FDO y nos posicionamos en el ***Radial 040 a 24NM***. En ese preciso instante, el control de transito nuevamente solicita que cambiemos de posición y que volemos "Directo" a la posición VANAR, ubicada sobre el ***Radial 317 de FDO a 12 NM***. Para cumplir con la solicitud del control, debemos realizar un vuelo DIRECTO a VANAR, y luego de realizar el calculo, decidimos...

Opción 1: continuar volando hacia el VOR de FDO hasta el bloqueo y luego alejar por el radial 317 hasta las 12 NM para llegar a la posición VANAR. ***Sigue en la pagina 107.***

Opción 2: virar por derecha al rumbo 317° hasta alcanzar las 12 NM de FDO y llegar a VANAR. ***Sigue en la pagina 121.***

Opción 3: realizar un viraje por derecha a rumbo 245° hasta interceptar el radial 317 de FDO a 12 NM llegando a la posición VANAR. ***Sigue en la pagina 92.***

Sigamos Adelante!

"Llevas 1 Error"

No te desanimes que llevas muy bien tu examen! Continuemos. Intentaremos una aproximación a SABE pista 31. Para ello vamos a utilizar la carta numero seis (ver página 081). La meteorología sigue adversa, si no logramos aterrizar en esta oportunidad, quizás debamos volar hacia la alternativa, el aeropuerto de SAZM. Recuerda que seguimos a FL050. Adelante iniciemos la aproximación:

Opción 1: Iniciamos el descenso hasta 2500FT. Luego de ILM, seguir por QDR ILM 343 hasta interceptar el radial 134 de FDO. A las 18.3 de FDO iniciar el descenso hasta 790FT hasta N. ***Sigue en la pagina 158.***

Opción 2: Iniciamos el descenso hasta 2500FT. Luego de ILM, seguir por rumbo 343° en descenso a 2000FT hasta interceptar el QDM 311 de N. Continuar con 2000FT hasta las 8.2 de AE e iniciar el descenso hasta 790FT hasta N. ***Sigue en la pagina 133.***

Opción 3: Iniciamos el descenso hasta 2000FT (altitud del FAF). Luego de ILM, seguir por rumbo 343° hasta interceptar el radial 134 de FDO (FAF). Continuar el descenso a 790 FT por el radial 134 de FDO hasta el MAP en la baliza N y allí tomar la decisión de continuar o realizar un escape. ***Sigue en la pagina 121.***

Respuesta Incorrecta!

"ES TU PRIMER ERROR"

No te alarmes, es tu primer error. Hemos pasado la mitad de tu examen y vienes muy bien, pero recuerda que ya no tienes mas errores permitidos para lo que resta de tu examen!. Observemos el perfil vertical de la carta y notemos que el mismo posee dos descensos, el primero hasta 2000FT y el segundo hasta 790 FT. Recuerda que debemos iniciar el procedimiento desde el IAF, en este caso ILM a la altitud indicada, en este caso 2500FT.

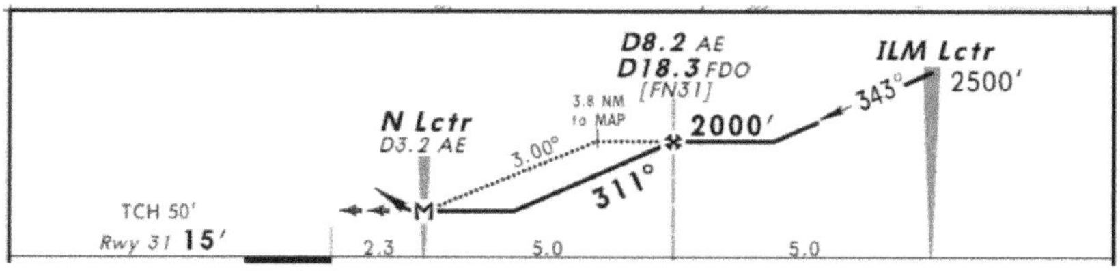

Si bien esta carta posee referencias al VOR de FDO, son referencias secundarias, y debemos guiar nuestra aproximación con la radio ayuda principal de la cartas, en este caso la radiobaliza N, obteniendo la distancia al ILS AE.

Muy bien, hemos aprendido algo. Que este error nos sirva de lección. Mantén la calma y continuemos con tu examen!

Este es tu última oportunidad. Sigue en la pagina 158

Respuesta Incorrecta!

"ES TU PRIMER ERROR"

No te alarmes, es tu primer error. Hemos pasado la mitad de tu examen y vienes muy bien, pero recuerda que ya no tienes mas errores permitidos para lo que resta de tu examen!. Volvamos a observar la carta, notarás que existen dos aerovías, y si bien ambas poseen el mismo FL mínimo (FL050), una de ellas tiene dirección hacia el cuadrante "Oeste", por lo que le corresponde niveles de vuelo pares, por ejemplo FL060, FL080, etc... La segunda aerovía tiene dirección hacia el cuadrante "Este", por lo cual, le corresponden niveles de vuelo impares, FL050, FL070, etc... Por tal motivo no podríamos haber realizado un vuelo a un mismo nivel desde origen a destino. Lo correcto es volar en un tramo a nivele de vuelo par y en el segundo tramo a nivel de vuelo impar, ascendiendo o descendiendo pero siempre respetando el FL mínimo de 050.

Tomarás decisiones difíciles a lo largo de toda tu carrera, pero mientras las tomes a conciencia y con buen criterio profesional, el margen de error será mínimo.

Muy bien, hemos aprendido algo. Que este error nos sirva de lección. Mantén la calma y continuemos con tu examen!

Este es tu última oportunidad. Sigue en la pagina 137

Respuesta Incorrecta!

"ES TU PRIMER ERROR"

No te alarmes, es tu primer error. A esta altura llevas el examen muy bien, pero recuerda que ya no tienes mas errores permitidos para lo que resta de tu examen!. Recuerda que para ingresar o alejar pro una posición, lo que debemos hacer es justamente un cambio de posiciones y no de direcciones o QDM, es decir que si necesitamos ingresar por el QDM 340, debemos pensar en cual es su posición ya que QDM es dirección. Para este caso en particular debemos pensar en cambiar de la posición actual QDR 210 a la posición o QDR 160, para finalizar ingresando por la misma con dirección o hacia la antena o QDM 340.

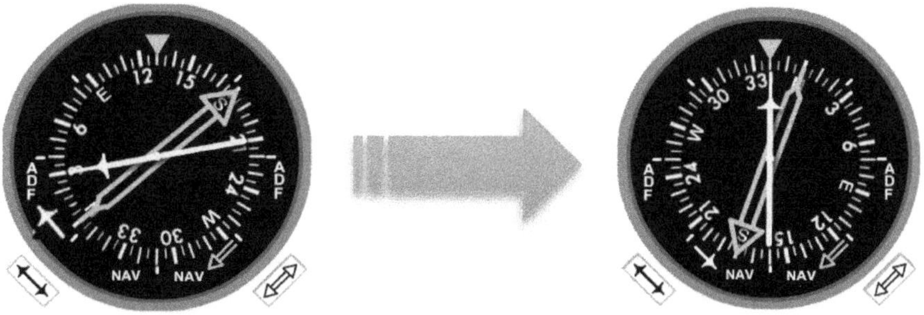

Muy bien, hemos aprendido algo. Que este error nos sirva de lección. Mantén la calma y continuemos con tu examen!

Este es tu última oportunidad. Sigue en la pagina 110

Excelente Respuesta!

Así se hace! Los procedimientos de cambio de posiciones son un paso muy importante en nuestro vuelo. Continuemos en alejamiento por el radial 240 de FDO hasta las 20 NM y allí vamos a volver a ingresar por el radial 240 de FDO. "OK, el control acaba de solicitarnos que ingresemos inmediatamente por el radial 240 de FDO", debido a la presencia de otros tránsitos. Sin demoras, ingresemos inmediatamente por el radial 240. Recuenta que el viento proviene desde el sector SUR.

Opción 1: Realizaremos un procedimiento de gota de agua por derecha o izquierda para ingresar por el radial 240, el mismo por el que nos encontramos alejando. ***Sigue en la pagina 119.***

Opción 2: Realizaremos un procedimiento de "OACI" por izquierda para ingresar por el radial 240, el mismo por el que nos encontramos alejando. ***Sigue en la pagina 104.***

Opción 3: Realizaremos un procedimiento de "90-270" por derecha para ingresar por el radial 240, el mismo por el que nos encontramos alejando. ***Sigue en la pagina 99.***

Excelente Respuesta!

Así se hace! Muy bien, continuemos. Llegados a ARSOT realizamos el procedimiento de espera para ganar tiempo y poder planificar la aproximación. Aparentemente el indicador de la senda de planeo de nuestro equipo no funciona, tenlo presente. Al escuchar el ATIS, notamos que las luces de aproximación se encuentran inoperativas, lo cual no representa ningún riesgo para nuestra aproximación. La visibilidad es de 2000 Mts y el viento está en calma. Ya hemos preparado la cabina según la carta ILS (ver página 080). Muéstrame como lo hacen los profesionales...

Opción 1: Al abandonar ARSOT, iniciamos el descenso hasta 2200 FT con curso 110° de LOC. Al llegar al FAF continuamos el descenso hasta los mínimos (460FT). Al llegar al MAP, luego de hacer contacto visual con la pista y de recibir la autorización para aterrizar, continuamos con el aterrizaje. ***Sigue en la pagina 126.***

Opción 2: Al abandonar ARSOT, iniciamos el descenso hasta 2200 FT con curso 110° de LOC. Al llegar al FAF continuamos el descenso hasta los mínimos (262FT) y al llegar al MAP realizamos una aproximación frustrada. ***Sigue en la pagina 122.***

Opción 3: Al abandonar ARSOT, iniciamos el descenso hasta 2200 FT con curso 110° de LOC. Al llegar al FAF continuamos el descenso hasta los mínimos (460FT) y al llegar al MAP realizamos una aproximación frustrada. ***Sigue en la pagina 145.***

Respuesta Incorrecta!

“ES TU PRIMER ERROR”

No te alarmes, es tu primer error. El examen recién comienza, pero recuerda que ya no tienes mas errores permitidos para lo que resta de tu examen! Recuerda que es muy importante respetar el orden de los pasos ya que representar un “patrón” a seguir para optimizar la operaciones. Analicemos cual sería la secuencia correcta:

En primera instancia debemos escuchar el ATIS, para saber si el aeropuerto se encuentra operando o esta cerrado. Luego solicitar el permiso de transito pasa asegurarnos que el control autoriza el plan de vuelo presentado. Seguido a ello, preparamos la cabina en función a la SID a utilizar. Y por ultimo, con todos los pasos previos cumplidos, solicitamos la puesta en marcha e iniciamos el vuelo!

Muy bien, hemos aprendido algo. Que este error nos sirva de lección. Mantén la calma y continuemos con tu examen!

Este es tu última oportunidad. **Sigue en la pagina 90**

Respuesta Incorrecta!

"ES TU PRIMER ERROR"

No te alarmes, es tu primer error. Hemos pasado la mitad de tu examen y vienes muy bien, pero recuerda que ya no tienes mas errores permitidos para lo que resta de tu examen!. Considerando que las condiciones meteorológicas siguen marginales y que nuestro equipo ILS no esta operativo, debemos considerar las operaciones con altitudes mínimas elevadas y no las de un ILS, ya que será mandatorio realizar una aproximación de no precisión. Repasemos la información meteorológica brindada por el control. ***METAR:*** **SABE 120900 270/05 4000 FGRA OVC 009 12/12.** Según este reporte el viento esta casi calmo, con visibilidad reducida por niebla y lluvia, cielo cubierto a 900 FT y la temperatura con el punto de rocío están iguales lo que implica que la niebla seguirá. Por otra parte veamos el TAF: **SABE 030800Z 0309/0409 27005KT 2000 TSRA.** Analizando el reporte extendido, notamos que las malas condiciones no solo seguirán sino que quizás empeoren. Por lo cual lo mas acertado será dirigirnos hacia la alternativa.

Muy bien, hemos aprendido algo. Que este error nos sirva de lección. Mantén la calma y continuemos con tu examen!

Este es tu última oportunidad. Sigue en la pagina 140

Excelente Respuesta!

Bien hecho! Hemos aterrizado nuestro avión en un tercio de pista según el calculo de “Landing Distance”. Evaluemos el ultimo punto y finalicemos este exitoso examen. El ATC nos informa lo siguiente:

<u>ATC:</u> ***LV-TEC, landed 1340, take the next on your right, report runway vacated and contact ground for further instructions. CAUTION, WIP taxiway G between D-C.*** Nuestra posición de estacionamiento esta en la plataforma de carga, cuéntame que ha informado el ATC y como llegaremos hasta nuestra posición. (ver página 079).

Opción 1: El ATC informa que hemos aterrizado en 1340Mts. y que debemos desalojar pista por una de las salidas siguientes a derecha, notificando al abandonar pista. Para llegar hasta la plataforma de carga, podemos tomar cualquiera de las calles G, E o F y luego comercial hasta cargas. ***Sigue en la pagina 152.***

Opción 2: El ATC informa la hora actual, solicita salir por la próxima calle a la derecha, notificando cuando ingresemos a la calle de rodaje. Para llegar hasta la plataforma de carga, debemos tomar las calles G, D y plataforma comercial hasta cargas. ***Sigue en la pagina 163***

Opción 3: El ATC informa que hemos aterrizado a las 13:40hs, que debemos desalojar pista por la siguiente salida a nuestra derecha y debemos notificar al dejar la pista libre. Anuncia PRECAUCION para el rodaje por trabajo en progreso en las mencionadas calles D y C. ***Sigue en la pagina 165.***

Excelente Respuesta!

Así se hace! Hemos llegado a la posición VANAR y es hora de practicar algunos procedimientos de ingresos, alejamientos y esperas. Recuerda que VANAR es la posición R317 FDO a 12NM. Volvamos al VOR de FDO pero debemos ingresar por el Radial 280 y realizar una espera en el Radial 030 por izquierda sobre el VOR FDO. Tómate tu tiempo y cuéntame como se desarrolla este procedimiento.

Opción 1: Viraje por derecha a rumbo 190°, "Vor Set 280 To", viraje por izquierda a rumbo 100° y posterior incorporación por "vuelo paralelo". ***Sigue en la pagina 142.***

Opción 2: Viraje por derecha a rumbo 190°, "Vor Set 280 To", viraje por izquierda a rumbo 100° y posterior incorporación por "gota de agua". ***Sigue en la pagina 97.***

Opción 3: Viraje por derecha a rumbo 190°, "Vor Set 030 To" (radial de espera), viraje por izquierda a rumbo 100° y posterior incorporación por "gota de agua". ***Sigue en la pagina 135.***

Excelente Respuesta!

Así se hace! Veo que entiendes los conceptos de QDM y QDR a la perfección. Intentaremos una aproximación a SABE pista 31. Para ello vamos a utilizar la carta numero seis (ver página 081). La meteorología sigue adversa, si no logramos aterrizar en esta oportunidad, quizás debamos volar hacia la alternativa, el aeropuerto de SAZM. Recuerda que seguimos a FL050. Adelante iniciemos la aproximación:

Opción 1: Iniciamos el descenso hasta 2500FT. Luego de ILM, seguir por QDR ILM 343 hasta interceptar el radial 134 de FDO. A las 18.3 de FDO iniciar el descenso hasta 790FT hasta N. ***Sigue en la pagina 95.***

Opción 2: Iniciamos el descenso hasta 2500FT. Luego de ILM, seguir por rumbo 343° en descenso a 2000FT hasta interceptar el QDM 311 de N. Continuar con 2000FT hasta las 8.2 de AE e iniciar el descenso hasta 790FT hasta N. ***Sigue en la pagina 123.***

Opción 3: Iniciamos el descenso hasta 2000FT (altitud del FAF). Luego de ILM, seguir por rumbo 343° hasta interceptar el radial 134 de FDO (FAF). Continuar el descenso a 790 FT por el radial 134 de FDO hasta el MAP en la baliza N y allí tomar la decisión de continuar o realizar un escape. ***Sigue en la pagina 111.***

Respuesta Incorrecta!

SEGUNDO ERROR!

Lo siento! Tu respuesta ha sido incorrecta y este es el segundo error acumulado. Lamentablemente tu examen esta

¡REPROBADO!

Como seres humanos cometeremos errores a lo largo de nuestras vidas, y lo importante no es buscar eliminar los errores, sino aprender a solucionarlos cuando sucedan, y dalo por hecho que sucederán! Ahora bien, no te alarmes, vuelve a intentarlo y seguramente aprobarás con éxito.

Tal como mencionamos al inicio, el máximo de errores permitidos es de solo uno, pero no es un numero al azar, sino que esta pensado para que nos detengamos por un instante a evaluar si realmente necesitamos aprender un poco mas o no. En esta instancia deberás volver al inicio del libro para volver a comenzar tu examen. Te sugiero que analices las respuestas erróneas anteriores y aprendas de ellas.

MUCHA SUERTE!
CAPT. Thomas!

FIN DEL VUELO.

Excelente Respuesta!

Así se hace! Estamos ingresando por el radial 350 de EZE a 30NM. Veo que estas bien preparado para este examen, y considero que quizás pueda exigirte un poco mas. Intentemos una aproximación ILS a la pista 11 de Ezeiza.

Observa la carta de aproximación (ver página 080), prepara la cabina e iniciemos cuanto antes. Recuerda que toda carta de aproximación tiene un principio y un final. Los pasos siguientes serán...

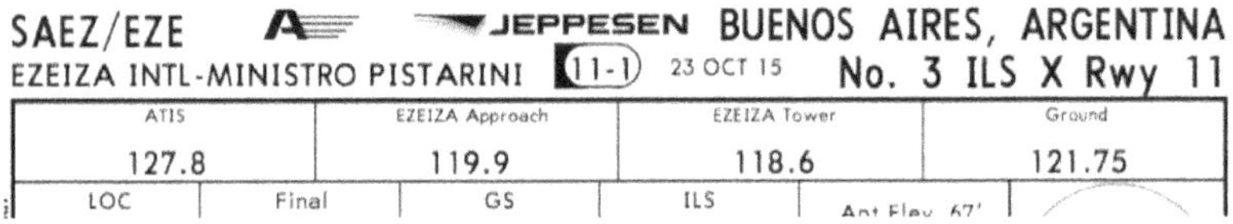

SAEZ/EZE JEPPESEN BUENOS AIRES, ARGENTINA
EZEIZA INTL-MINISTRO PISTARINI 11-1 23 OCT 15 No. 3 ILS X Rwy 11

ATIS	EZEIZA Approach	EZEIZA Tower	Ground
127.8	119.9	118.6	121.75

LOC | Final | GS | ILS | Apt Elev 67'

Opción 1: Virar por derecha al rumbo 215° para volar directo hasta ARSOT en R290EZE a 17.5NM de PC, para luego continuar con el ILS PC 110.1. ***Sigue en la pagina 115.***

Opción 2: Virar por derecha al rumbo 290° para volar directo hasta ARSOT en R290EZE a 17.5NM de PC, para luego continuar con el ILS PC 110.1. ***Sigue en la pagina 106.***

Opción 3: Virar por derecha al rumbo 210° para volar directo hasta ARSOT en R290EZE a 17.5NM de EZE, para luego continuar con el ILS PC 110.1. ***Sigue en la pagina 114.***

Excelente Respuesta!

Así se hace! Según la descripción de la carta (ver página 080), debemos ascender a 500FT, luego virar a rumbo 125°, luego ascender a 3000FT ***"o bien seguir las instrucciones del ATC"***. Continuemos. El control nos indica ascender a 5000 FT y volar directo a ILM (NDB). Observemos los instrumentos, definamos nuestra posición y las acciones a tomar para volar directo a ILM:

Opción 1: Respecto de ILM estamos en la posición QDR 210 y debemos virar por izquierda para adoptar la dirección o QDM 030 hacia ILM. ***Sigue en la pagina 91.***

Opción 2: Respecto del NDB ILM, estamos en el QDM 030 y debemos virar por izquierda a rumbo 030° para volar directo al NDB solicitado. ***Sigue en la pagina 141.***

Opción 3: Respecto del NDB ILM, estamos en la posición 360° y bastará con virar por derecha a rumbo 180° siguiendo la flecha (aguja doble) que nos indica la dirección hacia la estación. ***Sigue en la pagina 115.***

Sigamos Adelante!
"Llevas 1 Error"

No te desanimes esto recién comienza! Continuemos. Llegados a ARSOT realizamos el procedimiento de espera para ganar tiempo y poder planificar la aproximación. Aparentemente el indicador de la senda de planeo de nuestro equipo no funciona, tenlo presente. Al escuchar el ATIS, notamos que las luces de aproximación se encuentran inoperativas, lo cual no representa ningún riesgo para nuestra aproximación. La visibilidad es de 2000 Mts y el viento esta en calma. Ya hemos preparado la cabina según la carta ILS (ver página 080) Muéstrame como lo hacen los profesionales...

Opción 1: Al abandonar ARSOT, iniciamos el descenso hasta 2200 FT con curso 110° de LOC. Al llegar al FAF continuamos el descenso hasta los mínimos (460FT). Al llegar al MAP, luego de hacer contacto visual con la pista y de recibir la autorización para aterrizar, continuamos con el aterrizaje. ***Sigue en la pagina 127.***

Opción 2: Al abandonar ARSOT, iniciamos el descenso hasta 2200 FT con curso 110° de LOC. Al llegar al FAF continuamos el descenso hasta los mínimos (262FT) y al llegar al MAP realizamos una aproximación frustrada. ***Sigue en la pagina 121.***

Opción 3: Al abandonar ARSOT, iniciamos el descenso hasta 2200 FT con curso 110° de LOC. Al llegar al FAF continuamos el descenso hasta los mínimos (460FT) y al llegar al MAP realizamos una aproximación frustrada. ***Sigue en la pagina 108.***

Sigamos Adelante!
“Llevas 1 Error”

No te desanimes que llevas muy bien tu examen! Continuemos! Respecto del NDB de ILS estamos en la posición 210 o QDR 210. Por ordenamiento de transito, el control solicita que ingresemos por el QDM 340. Por tal motivo debemos realizar un cambio de posición de ADF y haremos lo siguiente:

Opción 1: Viraje por izquierda al 340° hasta volar lateral al NDB, luego continuamos por el 340° durante 60 segundos mas, luego viraje por derecha al 070° y al alcanzar el QDM 340, viraje por izquierda al rumbo 340°. ***Sigue en la pagina 133.***

Opción 2: Viraje por izquierda al rumbo 070° hasta interceptar el DQM 340 y luego viraje por izquierda al rumbo 340° para continuar proa hacia el NDB, ingresando por la posición 160. ***Sigue en la pagina 110.***

Opción 3: Considerando que se trata de un NDB y no de radiales de un VOR, bastará simplemente con realizar un viraje por izquierda al rumbo 340° ya que éste será el QDM 340 también. ***Sigue en la pagina 121.***

Excelente Respuesta!

Así se hace! Se debe realizar una aproximación frustrada, ya que las condiciones meteorológicas no han cambiado. Con el sistema ALS y el GS inoperativo, la visibilidad mínima es de 2400 Mts, 400 mts por encima de lo que indicaba el ATIS. Volvamos a observar la carta de aproximación (ver página 080) y realicemos el procedimiento correcto para una aproximación frustrada en condiciones meteorológicas instrumentales.

Opción 1: Al llegar al MAP, accionamos toda la potencia, iniciamos un ascenso inicial hasta 500 FT. Luego viraje por derecha a rumbo 125° en ascenso a 3000 FT para regresar y realizar una nueva aproximación. ***Sigue en la pagina 101.***

Opción 2: Al llegar al MAP, accionamos toda la potencia en un ascenso inicial hasta 500 FT, viraje por derecha a rumbo 125° y posterior continuamos el ascenso según las instrucciones del ATC. ***Sigue en la pagina 123.***

Opción 3: Al llegar al MAP, accionamos toda la potencia, iniciamos un ascenso hasta 3000 FT. Luego viraje por derecha a rumbo 125° y seguiremos las instrucciones especificas que nos brinde el control de la FIR. ***Sigue en la pagina 122.***

Sigamos Adelante!

"Llevas 1 Error"

No te desanimes que vienes muy bien! Recuerda que con el sistema ALS y el GS inoperativo, la visibilidad mínima es de 2400 Mts, 400 mts por encima de lo que indicaba el ATIS. Volvamos a observar la carta de aproximación (ver página 080) y realicemos el procedimiento correcto para una aproximación frustrada en condiciones meteorológicas instrumentales.

Opción 1: Al llegar al MAP, accionamos toda la potencia, iniciamos un ascenso inicial hasta 500 FT. Luego viraje por derecha a rumbo 125° en ascenso a 3000 FT para regresar y realizar una nueva aproximación. ***Sigue en la pagina 121.***

Opción 2: Al llegar al MAP, accionamos toda la potencia en un ascenso inicial hasta 500 FT, viraje por derecha a rumbo 125° y posterior continuamos el ascenso según las instrucciones del ATC. ***Sigue en la pagina 133.***

Opción 3: Al llegar al MAP, accionamos toda la potencia, iniciamos un ascenso hasta 3000 FT. Luego viraje por derecha a rumbo 125° y seguiremos las instrucciones especificas que nos brinde el control de la FIR. ***Sigue en la pagina 131.***

Respuesta Incorrecta!

“ES TU PRIMER ERROR”

No te alarmes, es tu primer error. Hemos pasado la mitad de tu examen y vienes muy bien, pero recuerda que ya no tienes mas errores permitidos para lo que resta de tu examen!. Como ya hemos visto, todo procedimiento comienza en el IAF. EN algunos casos en particular existen varios puntos IAF, como en nuestra carta de SAZM. Ante esta situación el IAF correcto será el mas cercano a nuestra trayectoria de vuelo actual. En nuestro caso en particular, posterior a la posición VOTRA estábamos volando sobre el radial 344 de MDP, por lo cual, el IAF correspondiente a este caso es el que inicia justo en dicho radial con el Arco DME de 13NM.

Si bien también es correcto iniciar un procedimiento en un IAF diferente al mencionado, lo que remarcamos es la opción mas optima para el vuelo, pudiendo existir otras alternativas de inicio correctas. Te encontraras con estas situaciones en diferentes cartas de aproximación a lo largo de tu carrera, pero recuerda que siempre deberás buscar la opción mas optima para tu vuelo.

Muy bien, hemos aprendido algo. Que este error nos sirva de lección. Mantén la calma y continuemos con tu examen!

Este es tu última oportunidad. Sigue en la pagina 147

Sigamos Adelante!
"Llevas 1 Error"

No te desanimes que llevas muy bien tu examen! Continuemos con el vuelo. Hemos pasado el VOR de GBE y estamos volando directo a GESTA. Recuerda que las condiciones meteorológicas siguen marginales y debemos aterrizar en el aeropuerto de EZEIZA. Como todo buen Piloto Comercial, debes dominar a la perfección un ILS, así que cuéntame detalladamente como haremos este procedimiento y luego continuemos con el mismo. (ver página 84).

Opción 1: Desde GESTA iniciamos el descenso desde 5000FT hasta 2200FT a las 6.5NM. Luego continuamos con curso final 351° establecidos en el ILS (LOC+GS) hasta los mínimos de 267FT a una distancia de 0.5NM de EZ. ***Sigue en la pagina 121.***

Opción 2: Al llegar al IAF, incorporación directa a la espera a FL050. Posterior interceptar el LOC, curso 351°, descenso hasta 2200 al FAF. Luego del FAF, continuar descenso hasta el MAP a 0.5NM de la pista y 200FT de altura. ***Sigue en la pagina 147.***

Opción 3: Iniciamos en GESTA a FL050. Posterior a la espera, interceptar el LOC con curso final 351° en descenso hasta 2200FT a las 9.7NM. Al llegar a la 6.5NM continuamos el descenso con una pendiente de 3.10° (LOC DESCENT ANGLE) hasta OM a 1270FT y por ultimo, seguimos el descenso hasta el MAP a 267FT a 0.5NM de EZ. Allí, continuamos con el aterrizaje o realizamos una aproximación frustrada según la carta N°7. ***Sigue en la pagina 151.***

Respuesta Incorrecta!

"ES TU PRIMER ERROR"

No te alarmes, es tu primer error. El examen recién comienza, pero recuerda que ya no tienes mas errores permitidos para lo que resta de tu examen! La salida estandarizada ***KUKEN 7*** posee diferentes requerimientos en según la pista a utilizar para el despegue. Desde la pista 13 requiere un viraje inmediato posterior al despegue al rumbo 040° hasta cruzar el radial 097 del VOR San Fernando. Desde allí, virar por izquierda hasta interceptar el radial 029 del VOR de Ezeiza para luego continuar alejando por ese mismo radial con rumbo 029° hasta las 42 NM del mismo VOR llegando a la posición KUKEN.

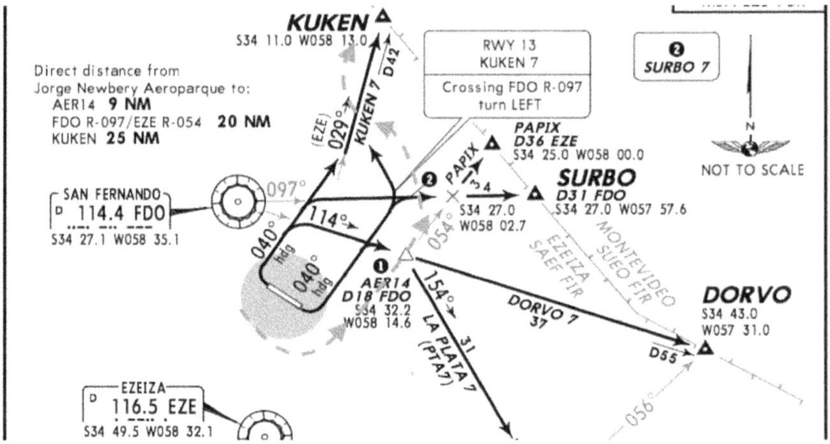

Muy bien, hemos aprendido algo. Que este error nos sirva de lección. Mantén la calma y continuemos con tu examen!

Este es tu última oportunidad. Sigue en la pagina 109

Sigamos Adelante!

“Llevas 1 Error”

No te desanimes esto recién comienza! Estamos ingresando por el radial 280 de FDO. Vamos a cancelar el procedimiento de espera y vamos realizar un alejamiento por el radial 240 lo mas rápido posible ya que nos estamos acercando hacia la estación VOR. Muéstrame como lo hacen los profesionales, detallando paso a paso el procedimiento.

Opción 1: En primera instancia viraje por derecha a rumbo 180°, luego ***“Set Vor R240 From”***. Y por ultimo, viraje por derecha a rumbo 240°. ***Sigue en la pagina 102.***

Opción 2: En primera instancia viraje por derecha a rumbo 180°, luego ***“Set Vor R240 To”***. Y por ultimo, viraje por derecha a rumbo 240°. ***Sigue en la pagina 121.***

Opción 3: Simplemente viraje por derecha a rumbo 240°, y luego ***“Set Vor R240 From”***. ***Sigue en la pagina 109.***

Respuesta Incorrecta!

"ES TU PRIMER ERROR"

No te alarmes, es tu primer error. Ya falta poco para finalizar y vienes muy bien, pero recuerda que ya no tienes mas errores permitidos para lo que resta de tu examen! Muy bien, repasemos la carta N°7 de SAEZ. Como hemos mencionado anteriormente debemos iniciar en el IAF, y para esta carta dicho punto se encuentra en la posición GESTA, donde se publica una espera en el radial 008 de GBE a 15.7NM de EZ. Esta es una espera muy particular, sobre el radial de un VOR pero mencionando la distancia al ILS de SAEZ. Desde allí a FL050, el curso final será 351° en descenso hasta 2200FT a las 6.5NM de EZ. Desde allí inicia la aproximación FULL ILS hasta la DA de 267FT a 0.5NM de EZ.

Recuerda siempre tener en mente el procedimiento de aproximación frustrada, ya que podrías necesitarlo de forma inesperada durante el tramo de aproximación final.

Muy bien, hemos aprendido algo. Que este error nos sirva de lección. Mantén la calma y continuemos con tu examen!

Este es tu última oportunidad. Sigue en la pagina 129

Sigamos Adelante!
"Llevas 1 Error"

No te desanimes que llevas muy bien tu examen! Continuemos. EL control nos indica ascender a 5000 FT y volar directo a ILM (NDB). Observemos los instrumentos, definamos nuestra posición y las acciones a tomar para volar directo a ILM:

Opción 1: Respecto de ILM estamos en la posición QDR 210 y debemos virar por izquierda para adoptar la dirección o QDM 030 hacia ILM. ***Sigue en la pagina 125.***

Opción 2: Respecto del NDB ILM, estamos en el QDM 030 y debemos virar por izquierda a rumbo 030° para volar directo al NDB solicitado. ***Sigue en la pagina 121.***

Opción 3: Respecto del NDB ILM, estamos en la posición 360° y bastará con virar por derecha a rumbo 180° siguiendo la flecha (aguja doble) que nos indica la dirección hacia la estación. ***Sigue en la pagina 124.***

Respuesta Incorrecta!

"ES TU PRIMER ERROR"

No te alarmes, es tu primer error. Ya falta poco para finalizar y vienes muy bien, pero recuerda que ya no tienes mas errores permitidos para lo que resta de tu examen! Muy bien, repasemos la carta N°7 de SAEZ. Como hemos mencionado anteriormente debemos iniciar en el IAF, y para esta carta dicho punto se encuentra en la posición GESTA, donde se publica una espera en el radial 008 de GBE a 15.7NM de EZ. Esta es una espera muy particular, sobre el radial de un VOR pero mencionando la distancia al ILS de SAEZ. Desde allí a FL050, el curso final será 351° en descenso hasta 2200FT a las 6.5NM de EZ. Desde allí inicia la aproximación FULL ILS hasta la DA de 267FT a 0.5NM de EZ.

Recuerda siempre tener en mente el procedimiento de aproximación frustrada, ya que podrías necesitarlo de forma inesperada durante el tramo de aproximación final.

Muy bien, hemos aprendido algo. Que este error nos sirva de lección. Mantén la calma y continuemos con tu examen!

Este es tu última oportunidad. Sigue en la pagina 151

Respuesta Incorrecta!

“ES TU PRIMER ERROR”

No te alarmes, es tu primer error. El examen recién comienza, pero recuerda que ya no tienes mas errores permitidos para lo que resta de tu examen!.

Vamos a nivelas las alas del avión y vamos a realizar juntos este procedimiento. Lo primero que debemos hacer es adoptar un rumbo con el cual podamos interceptar el radial 280, para esto realizamos un viraje por derecha al rumbo 200°. Luego ubicamos el radial 280 en la parte inferior del indicador VOR notando que la indicación TO/FROM indique TO. Luego de unos instantes, el CDI iniciará su movimiento indicando que debemos realizar un viraje por izquierda al rumbo 100°, para luego incorporar a la espera solicitada con un procedimiento de “gota de agua”. Ten en cuenta que estos procedimientos son muy frecuentes en el ámbito laboral aeronáutico, así que mi recomendación es que tengas bien claro como hacerlos en todas sus variables. Muy bien, hemos aprendido algo. Que este error nos sirva de lección. Mantén la calma y continuemos con tu examen!

Este es tu última oportunidad. Sigue en la pagina 131

Respuesta Incorrecta!

“ES TU PRIMER ERROR”

No te alarmes, es tu primer error. Ya falta poco para finalizar y vienes muy bien, pero recuerda que ya no tienes mas errores permitidos para lo que resta de tu examen! Repasemos brevemente la carta N°10. La misma inicia sobre EZE VOR a FL050, posterior alejamiento por el R105EZE hasta las D9.0NM en descenso a 2200FT. Desde allí un procedimiento OACI por derecha hasta volver a ingresar por el R105EZE con curso final 285° hasta el FAF ubicado a 7.4NM. Desde este punto comienza el descenso final hasta el MAP ubicado a 1.6NM con una MDA de 410FT.

Si bien las cartas de ILS suelen ser mas simples que las cartas de “No Precisión”, estas ultimas guardan cierta simpleza ya que los descensos están marcados por distancias y altitudes especificas, siendo necesaria solo una radioayuda, en este caso el VOR de EZE.

Muy bien, hemos aprendido algo. Que este error nos sirva de lección. Mantén la calma y continuemos con tu examen!

Este es tu última oportunidad. Sigue en la pagina 150

Sigamos Adelante!
"Llevas 1 Error"

No te desanimes que llevas muy bien tu examen! Al llegar a la posición VOTRA, ingresamos al TMA SAZM, allí el control de transito aéreo nos informa que la visibilidad está reducida por nieblas y el aeropuerto está operando bajo condiciones IFR. Por tal motivo, debemos realizar la carta aproximación N° 2 para la pista 13 de SAZM (ver página 083). Por suerte nuestro sistema ILS se ha recuperado y funciona a la perfección. Observa la carta y cuéntame que haremos...

Opción 1: Al llegar al IAF R308MDP D13.0, continuamos con curso 128° hasta D7.3 MDP a 2300FT. Posterior continuamos el descenso hasta la DA de 271 a D0.5NM. ***Sigue en la pagina 121.***

Opción 2: Al llegar al IAF R344MDP D13.0, continuamos con un ARCO DME hasta R308MDP ingresando hacia el FAF. Desde allí, full ILS hasta OM, luego volamos 01'30" hasta el MAP a 07 NM y una DA de 271FT. ***Sigue en la pagina 147.***

Opción 3: Al llegar al IAF R318MDP D13.0, continuamos con el ARCO DME hasta el R308MDP, luego volamos con curso 128° hasta el FAF a D7.3 y 2300FT. Posterior seguimos con la senda de planeo ILS hasta la MDA de 271FT a D1.0 MDP y tomamos la decisión de continuar con el aterrizaje o realizar una aproximación frustrada, según la evolución de la niebla reportada por el control de transito. ***Sigue en la pagina 110.***

Respuesta Incorrecta!

"ES TU PRIMER ERROR"

No te alarmes, es tu primer error. Hemos pasado la mitad de tu examen y vienes muy bien, pero recuerda que ya no tienes mas errores permitidos para lo que resta de tu examen!

Analizando la información meteorológica, notamos que existen condiciones riesgosas para operar la ruta prevista, por lo cual debemos buscar una alternativa, y la mas segura es la ruta que vuela vía Tandil ya que logra evadir la formación de tormenta y no representa ningún riesgo para nuestro vuelo. Si bien esta ruta es mas larga que las otras opciones, será cuestión de cargar el combustible suficiente para cubrir el tramo excedente. Toda acción que ayude a maximizar la seguridad de un vuelo siempre tendrá prioridad sobre cualquier otra acción. Si bien es cierto que el consumo de combustible será muy superior al planificado por la ruta tradicional, bastará solo con cargar un adicional al que se estimaba cargar. En caso de que nuestro avión posea tanques de combustibles pequeños y no sea suficiente para cubrir la nueva ruta, la opción mas segura sería aguardar hasta que las condiciones meteorológicas mejoren para poder evaluar todas las alternativas nuevamente.

Muy bien, hemos aprendido algo. Que este error nos sirva de lección. Mantén la calma y continuemos con tu examen!

Este es tu última oportunidad. Sigue en la pagina 153

Excelente Respuesta!

Has optado por la ruta correcta! Al llegar a la posición VOTRA, ingresamos al TMA SAZM, allí el control de transito aéreo nos informa que la visibilidad esta reducida por nieblas y el aeropuerto esta operando bajo condiciones IFR. Por tal motivo, debemos realizar la carta aproximación numero 2 para la pista 13 de SAZM (ver página 083), Por suerte nuestro sistema ILS se ha recuperado y funciona a la perfección. Observa la carta y cuéntame que haremos...

Opción 1: Al llegar al IAF R308MDP D13.0, continuamos con curso 128° hasta D7.3 MDP a 2300FT. Posterior continuamos el descenso hasta la DA de 271 a D0.5NM. ***Sigue en la pagina 128.***

Opción 2: Al llegar al IAF R344MDP D13.0, continuamos con un ARCO DME hasta R308MDP ingresando hacia el FAF. Desde allí, full ILS hasta OM, luego volamos 01'30" hasta el MAP a 07 NM y una DA de 271FT. ***Sigue en la pagina 143.***

Opción 3: Al llegar al IAF R318MDP D13.0, continuamos con el ARCO DME hasta el R308MDP, luego volamos con curso 128° hasta el FAF a D7.3 y 2300FT. Posterior seguimos con la senda de planeo ILS hasta la MDA de 271FT a D1.0 MDP y tomamos la decisión de continuar con el aterrizaje o realizar una aproximación frustrada, según la evolución de la niebla reportada por el control de transito. ***Sigue en la pagina 120.***

Sigamos Adelante!
"Llevas 1 Error"

No te desanimes que llevas muy bien tu examen! Lamentablemente las condiciones meteorológicas siguen marginales en el TMA BAIRES y toda la zona sur de la provincia de BSAS, se han cerrado algunos de los aeropuertos cercanos y según los reportes, las condiciones no prevén mejorar. Por tal motivo debemos dirigirnos a la alternativa. Comunicamos nuestras intenciones al ATC; nos indican volar directo al VOR PTA y posterior hacia SAZM según lo detallado en el plan de vuelo. Observa la carta de navegación (ver página 082) y describe el recorrido que deberemos tomar para llegar a SAZM. Recuerda que contamos con el combustible justo para volar hasta SAZM! Cuéntame como los pasos a seguir:

Opción 1: Por W18 a FL060, 54 NM hasta GBE. Posterior por W29, 83 NM hasta VOTRA y luego 55NM hacia MDP VOR. ***Sigue en la pagina 110.***

Opción 2: Volaremos por la W29, FL070, 142 NM hasta GES, ya dentro del TMA de SAZM. Posterior continuamos VFR directo al VOR MDP. ***Sigue en la pagina 121.***

Opción 3: Volaremos un total de 192 NM. Por W18 a FL060, 54 NM hasta GBE. Posterior por W29, FL110, 83 NM hasta VOTRA y luego 55NM hacia MDP VOR. ***Sigue en la pagina 137.***

Respuesta Incorrecta!

"ES TU PRIMER ERROR"

No te alarmes, es tu primer error. A esta altura llevas el examen muy bien, pero recuerda que ya no tienes mas errores permitidos para lo que resta de tu examen!. Recuerda que las posiciones en el ADF se deben leer siempre en QDR indicado por "La Cola" de la aguja, ya que la punta o flecha de la aguja indica el QDM y el mismo es una dirección (hacia la antena) y no una posición. En este caso la cola de la aguja indica 210 y la punta de la aguja indica 030, es decir, estamos sobrevolando la posición o QDR 210 de ILM y si deseamos volar directo hacia la antena, bastará con adoptar el QDM o dirección (punta de la aguja) 030° realizando un viraje por derecha.

Ten en cuenta que estos procedimientos son muy frecuentes en el ámbito laboral aeronáutico, así que mi recomendación es que tengas bien claro como hacerlos en todas sus variables. Muy bien, hemos aprendido algo. Que este error nos sirva de lección. Mantén la calma y continuemos con tu examen!

Este es tu última oportunidad. Sigue en la pagina 125

Excelente Respuesta!

Así se hace! Comprender e interpretar una SID es muy importante para el desarrollo de tu vuelo IFR. Continuando con la salida y previo a llegar a la posición KUKEN, el control de transito nos solicita volar directo al VOR FDO, viramos nuestro avión proa hacia el VOR FDO y nos posicionamos en el **Radial 040 a 24NM**. En ese preciso instante, el control de transito nuevamente solicita que cambiemos de posición y que volemos "Directo" a la posición VANAR, ubicada sobre el **Radial 317 de FDO a 12 NM**. Para cumplir con la solicitud del control, debemos realizar un vuelo DIRECTO a VANAR, y luego de realizar el calculo, decidimos...

Opción 1: continuar volando hacia el VOR de FDO hasta el bloqueo y luego alejar por el radial 317 hasta las 12 NM para llegar a la posición VANAR. **Sigue en la pagina 100.**

Opción 2: virar por derecha al rumbo 317° hasta alcanzar las 12 NM de FDO y llegar a VANAR. **Sigue en la pagina 94.**

Opción 3: realizar un viraje por derecha a rumbo 245° hasta interceptar el radial 317 de FDO a 12 NM llegando a la posición VANAR. **Sigue en la pagina 119.**

Excelente Respuesta!

Así se hace! Has tomado la decisión correcta. Aterricemos para recargar combustible y volver al origen.

- - - Avión Aterrizado - - -

Al finalizar la carga de combustible, pasamos por la oficina de información meteorológica, allí nos indican que hay un frente de tormenta al norte del aeropuerto, con formación de CB y posibilidad de WS. Ahora bien, debemos completar el plan de vuelo antes de partir. Para ello debemos declarar la ruta a seguir. Observa la carta de navegación (ver página 082), y describe la ruta que volaremos hasta el aeropuerto de "La Plata" o hasta el VOR PTA.

Opción 1: Por W28 a FL060, 89NM hacia Tandil vía ESURO. Posterior descenso a FL 050 hacia PTA 150NM, vía KALIM, GBE. ***Sigue en la pagina 146.***

Opción 2: Por W31 a FL050, 178NM hacia PTA vía PULPA, TENIL. ***Sigue en la pagina 138.***

Opción 3: Para evitar la formación de CB, volaremos directo a GES a 3500FT, posterior por W60 34NM hasta PULPA, luego ascenso a FL 050 por W31, 89NM hacia TENIL y finalmente 34NM mas hacia el VOR PTA. ***Sigue en la pagina 157.***

Respuesta Incorrecta!

"ES TU PRIMER ERROR"

No te alarmes, es tu primer error. Ya falta poco para finalizar y vienes muy bien, pero recuerda que ya no tienes mas errores permitidos para lo que resta de tu examen!

Recuerda que una correcta estructura de comunicación permitirá una operación de vuelo segura y eficiente. Tanto el ATC como el piloto deben respetar una correcta estructura en sus comunicaciones con el fin de mitigar el riesgo a una mala interpretación de las instrucciones o solicitudes. Las estadísticas indican que un gran porcentaje de los accidentes podrían haber sido evitados si se hubieran interpretado correctamente las instrucciones del control. Por otra parte, RECUERDA que el ATC debe mencionar la frase "Autorizado a aterrizar, pista 29", mencionando en TODOS LOS CASOS la autorización y la pista a la que hemos sido autorizados.

Muy bien, hemos aprendido algo. Que este error nos sirva de lección. Mantén la calma y continuemos con tu examen!

Este es tu última oportunidad. Sigue en la pagina 161

Respuesta Incorrecta!

“ES TU PRIMER ERROR”

No te alarmes, es tu primer error. El examen recién comienza, pero recuerda que ya no tienes mas errores permitidos para lo que resta de tu examen!. Recuerda que en la carta de aproximación figuran diferentes requerimientos mínimos de visibilidad en función a la degradación, tanto de la aeronave como del aeropuerto. En nuestro caso, según el ATIS, la visibilidad era de 2000 metros, la pista 11 tenia las luces de aproximación inoperativas y operábamos con el GS fuera de servicio. Ante tal situación la carta de aproximación prevé una visibilidad mínima de 2400 metros. Al estar en una condición de visibilidad 400 FT por debajo de lo permitido por la carta de aproximación, podemos continuar con el procedimiento, a la espera de que la visibilidad mejore, pero si no lo ha hecho al momento de llegar al MAP, DEBEMOS realizar una aproximación frustrada.

STRAIGHT-IN LANDING RWY11				
	ILS DA(H) 262′ (200′)		LOC (GS out) MDA(H) 460′ (398′)	
	FULL	ALS out		ALS out
C	RVR 550m VIS 800m	1200m	2000m	2400m
D			2400m	2800m

Muy bien, hemos aprendido algo. Que este error nos sirva de lección. Mantén la calma y continuemos con tu examen!

Este es tu última oportunidad. Sigue en la pagina 127

Excelente Respuesta!

Has tomado la decisión correcta! Lamentablemente las condiciones meteorológicas siguen marginales en el TMA BAIRES y toda la zona sur de la provincia de BSAS, se han cerrado algunos de los aeropuertos cercanos y según los reportes, las condiciones no prevén mejorar. Por tal motivo debemos dirigirnos a la alternativa. Comunicamos nuestras intenciones al ATC; nos indican volar directo al VOR PTA y posterior hacia SAZM según lo detallado en el plan de vuelo. Observa la carta de navegación (ver página 082), y describe el recorrido que deberemos tomar para llegar a SAZM. Recuerda que contamos con el combustible justo para volar hasta SAZM! Cuéntame como los pasos a seguir:

Opción 1: Por W18 a FL060, 54 NM hasta GBE. Posterior por W29, 83 NM hasta VOTRA y luego 55NM hacia MDP VOR. ***Sigue en la pagina 120.***

Opción 2: Volaremos por la W29, FL070, 142 NM hasta GES, ya dentro del TMA de SAZM. Posterior continuamos VFR directo al VOR MDP. ***Sigue en la pagina 112.***

Opción 3: Volaremos un total de 192 NM. Por W18 a FL060, 54 NM hasta GBE. Posterior por W29, FL110, 83 NM hasta VOTRA y luego 55NM hacia MDP VOR. ***Sigue en la pagina 139.***

Sigamos Adelante!
"Llevas 1 Error"

No te desanimes que llevas muy bien tu examen! Aterricemos para recargar combustible y volver al origen.

- - - Avión Aterrizado - - -

Al finalizar la carga de combustible, pasamos por la oficina de información meteorológica, allí nos indican que hay un frente de tormenta al norte del aeropuerto, con formación de CB y posibilidad de WS. Ahora bien, debemos completar el plan de vuelo antes de partir. Para ello debemos declarar la ruta a seguir. Observa la carta de navegación (ver página 082) y describe la ruta que volaremos hasta el aeropuerto de "La Plata" o hasta el VOR PTA.

Opción 1: Por W28 a FL060, 89NM hacia Tandil vía ESURO. Posterior descenso a FL 050 hacia PTA 150NM, vía KALIM, GBE. ***Sigue en la pagina 140.***

Opción 2: Por W31 a FL050, 178NM hacia PTA vía PULPA, TENIL. ***Sigue en la pagina 121.***

Opción 3: Para evitar la formación de CB, volaremos directo a GES a 3500FT, posterior por W60 34NM hasta PULPA, luego ascenso a FL 050 por W31, 89NM hacia TENIL y finalmente 34NM mas hacia el VOR PTA. ***Sigue en la pagina 153.***

Excelente Respuesta!

Has realizado un correcto briefing! Continuemos con el vuelo. Hemos pasado el VOR de GBE y estamos volando directo a GESTA. Recuerda que las condiciones meteorológicas siguen marginales y debemos aterrizar en el aeropuerto de EZEIZA. Como todo buen Piloto Comercial, debes dominar a la perfección un ILS, así que cuéntame detalladamente como haremos este procedimiento y luego continuemos con el mismo. (Pág. 84).

Opción 1: Desde GESTA iniciamos el descenso desde 5000FT hasta 2200FT a las 6.5NM. Luego continuamos con curso final 351° establecidos en el ILS (LOC+GS) hasta los mínimos de 267FT a una distancia de 0.5NM de EZ. ***Sigue en la pagina 143.***

Opción 2: Al llegar al IAF, incorporación directa a la espera a FL050. Posterior interceptar el LOC, curso 351°, descenso hasta 2200 al FAF. Luego del FAF, continuar descenso hasta el MAP a 0.5NM de la pista y 200FT de altura. ***Sigue en la pagina 134.***

Opción 3: Iniciamos en GESTA a FL050. Posterior a la espera, interceptar el LOC con curso final 351° en descenso hasta 2200FT a las 9.7NM. Al llegar a la 6.5NM continuamos el descenso con una pendiente de 3.10° (LOC DESCENT ANGLE) hasta OM a 1270FT y por ultimo, seguimos el descenso hasta el MAP a 267FT a 0.5NM de EZ. Allí, continuamos con el aterrizaje o realizamos una aproximación frustrada según la carta N°7. ***Sigue en la pagina 154.***

Excelente Respuesta!

Así se hace! Estamos en la final de la pista 17. El tiempo está mejorando y el viento está casi en calma. ***-¿Hacemos un procedimiento mas?***. Muy bien, vamos a discontinuar el descenso, solicitaremos ascenso a FL050 directo al VOR EZE y posterior aproximación a la pista 29. El ATC autoriza nuestra petición e informa que la aproximación en uso es la carta N°10 (ver página 085).. Analiza la carta, cuéntame que haremos y "manos a la obra"...

Opción 1: Desde el IAF, descender hasta 2200FT alejando por R105EZE. Posterior, procedimiento estándar OACI proa al FAF, luego seguir hasta el MAP descendiendo hasta la altura de 460FT y una distancia de 1.6NM. Allí tomar la decisión de continuar con el aterrizaje o realizar un "escape". ***Sigue en la pagina 157.***

Opción 2: Desde el IAF, alejar por rumbo 105° en descenso hasta 2200FT a 9.0NM. Luego, procedimiento estándar OACI, por derecha o izquierda según el viento y a 7.4NM seguir el descenso hasta el MAP ubicado a 1.6NM a 460FT. ***Sigue en la pagina 152.***

Opción 3: Desde el IAF, alejar por el R105EZE en descenso hasta 2200FT a 9.0NM. Posterior, procedimiento estándar OACI, proa al FAF, luego seguir el descenso cruzando 1760FT a las 6.0NM hasta llegar a 460FT a las 3.1NM y continuar a dicha altitud hasta el MAP a 1.6NM. ***Sigue en la pagina 136.***

Sigamos Adelante!

“Llevas 1 Error”

No te desanimes que llevas muy bien tu examen! Antes de continuar con el procedimiento, debemos calcular la distancia de aterrizaje. Para ello utilizaremos la tabla de “Landing Distance” (ver página 086).

Las condiciones para el cálculo son las siguientes:
Temperatura: 40°F.
Peso Actual: 3250 Pound.
Viento: 3KT de Cola.

Opción 1: Considerando que la pista de EZEIZA posee 3300Mts no será necesario realizar el calculo de Landing Distance ya que consideraremos suficiente la longitud de pista para cualquier condición de nuestra aeronave, debido a que en su manual, todas las distancias son inferiores a 3300 Mts. ***Sigue en la pagina 153.***

Opción 2: Según el calculo basado en las condiciones actuales, necesitaremos un mínimo de 2400 FT para aterrizar y respetar la operación que indica el manual. ***Sigue en la pagina 162.***

Opción 3: Según el calculo basado en las condiciones actuales, necesitaremos un mínimo de 800 Mts para aterrizar y respetar la operación que indica el manual. ***Sigue en la pagina 121.***

Sigamos Adelante!

"Llevas 1 Error"

No te desanimes que llevas muy bien tu examen! Tienes lo necesario para aprobar este examen. Recuerda! Al sobrevolar OM, justo antes de llegar al MAP, el ATC nos informa que las condiciones del viento han cambiado drásticamente y que la pista en uso ahora es la 17. Aquí debemos tomar una decisión, ya que al llegar al MAP ya no habrá mas tiempo! Analiza la carta N°7, la meteorología, las posibles alternativas y cuéntame como seguiremos...

Opción 1: Continuaremos con la carta según lo planificado, al llegar a los 800FT, detenemos el descenso y realizamos un circuito visual (inicial, básica y final) al oeste de la pista 17-35 para lograr aterrizar en la pista 17 con viento de frente. ***Sigue en la pagina 137.***

Opción 2: Continuaremos con la carta según lo planificado, al llegar a los 900FT, detenemos el descenso y realizamos un circuito visual (inicial, básica y final) al este de la pista 17-35 para lograr mantener la pista 17 siempre a nuestra izquierda, tal como deben realizarse todos los circuitos visuales. ***Sigue en la pagina 121.***

Opción 3: Continuamos con la aproximación hasta el MAP esperando que las condiciones mejoren, en el caso de que esto no suceda, realizaremos una aproximación frustrada. No podemos realizar un circuito visual en condiciones IFR ya que afectaría la seguridad del vuelo. ***Sigue en la pagina 156.***

Excelente Respuesta!

Has tomado la decisión correcta! Antes de continuar con el procedimiento, debemos calcular la distancia de aterrizaje. Para ello utilizaremos la tabla de "Landing Distance" (ver página 086). Las condiciones para el calculo son las siguientes:

Temperatura: 40˚F.
Peso Actual: 3250 Pound.
Viento: 3KT de Cola.

Opción 1: Considerando que la pista de EZEIZA posee 3300Mts no será necesario realizar el calculo de Landing Distance ya que consideraremos suficiente la longitud de pista para cualquier condición de nuestra aeronave, debido a que en su manual, todas las distancias son inferiores a 3300 Mts. ***Sigue en la pagina 155.***

Opción 2: Según el calculo basado en las condiciones actuales, necesitaremos un mínimo de 2400 FT para aterrizar y respetar la operación que indica el manual. ***Sigue en la pagina 160.***

Opción 3: Según el calculo basado en las condiciones actuales, necesitaremos un mínimo de 800 Mts para aterrizar y respetar la operación que indica el manual. ***Sigue en la pagina 129.***

Sigamos Adelante!

“Llevas 1 Error”

No te desanimes que llevas muy bien tu examen!. Es hora de despegar!

-

- - *Avión en Vuelo* - - -

-

Hemos llegado a GBE, justo el ingreso al TMA BAIRES. El control nos informa que las condiciones meteorológicas siguen adversas, por lo que deberemos aterrizar en el aeropuerto de EZEIZA (SAEZ). Para ello, recibimos la instrucción de volar directo a la posición GESTA y realizar la carta de aproximación N°7 (ver página 084), teniendo en cuenta que el VOR EZE y el GS de la pista 35 se encuentran inoperativos. Es hora de ver la carta y hacer un “Briefing”. Cuéntame los puntos mas importantes de esta aproximación…

Opción 1: Considerando que el VOR está fuera de servicio y que no tendremos lectura de distancias DME, no podremos realizar la carta y debemos solicitar al ATC otra carta, o bien “Vector Radar” para la aproximación. ***Sigue en la pagina 129.***

Opción 2: Curso final 351°, DA 267FT, MSA 3000FT, espera sobre GESTA (R171EZE D17.5 FL050), DME requerido y mínimos de visibilidad de 800Mts. ***Sigue en la pagina 147.***

Opción 3: Para esta aproximación requerimos el localizador y el DME. Posee una espera en el R008GBE a D15.7NM de EZ. Tiene una altitud recomendada de 1310FT en OM y la altura de decisión es de 200FT. ***Sigue en la pagina 121.***

Excelente Respuesta!

Así se hace! Creo que tienes lo necesario para aprobar este examen. Pero ten cuidado! Al sobrevolar OM, justo antes de llegar al MAP, el ATC nos informa que las condiciones del viento han cambiado drásticamente y que la pista en uso ahora es la 17. Vaya suerte la tuya! Ante esta situación debemos tomar una decisión, ya que al llegar al MAP ya no habrá mas tiempo! Analiza la carta N°7, (ver página 084), la meteorología, las posibles alternativas y cuéntame como seguiremos…

Opción 1: Continuaremos con la carta según lo planificado, al llegar a los 800FT, detenemos el descenso y realizamos un circuito visual (inicial, básica y final) al oeste de la pista 17-35 para lograr aterrizar en la pista 17 con viento de frente. ***Sigue en la pagina 143.***

Opción 2: Continuaremos con la carta según lo planificado, al llegar a los 900FT, detenemos el descenso y realizamos un circuito visual (inicial, básica y final) al este de la pista 17-35 para lograr mantener la pista 17 siempre a nuestra izquierda, tal como deben realizarse todos los circuitos visuales. ***Sigue en la pagina 159.***

Opción 3: Continuamos con la aproximación hasta el MAP esperando que las condiciones mejoren, en el caso de que esto no suceda, realizaremos una aproximación frustrada. No podemos realizar un circuito visual en condiciones IFR ya que afectaría la seguridad del vuelo. ***Sigue en la pagina 149.***

Respuesta Incorrecta!

"ES TU PRIMER ERROR"

No te alarmes, es tu primer error. Ya falta poco para finalizar y vienes muy bien, pero recuerda que ya no tienes mas errores permitidos para lo que resta de tu examen!

Recuerda que cada aeronave posee una determinada longitud mínima de aterrizaje en función de una determinada condición de vuelo. Por otro lado también existen otros valores de vital importancia como el máximo peso de aterrizaje permitido por el fabricante. Pasado este peso se considera que el avión podría sufrir algún daño estructural, dando lugar a un incidente o accidente. Existen diferentes tablas de performance para cada aeronave, en ellas el fabricante especifica sus limitaciones en diferentes escenarios, como ser: el peso máximo de aterrizaje, el peso máximo de despegue, longitud de pista requerida, distancia de aterrizaje con y sin obstáculos, entres muchas variables mas. Lo importantes es tener siempre presente que las limitaciones descriptas por el fabricante deben ser respetadas con el fin de maximizar la seguridad en las operaciones aéreas.

Muy bien, hemos aprendido algo. Que este error nos sirva de lección. Mantén la calma y continuemos con tu examen!

Este es tu última oportunidad. Sigue en la pagina 162

Sigamos Adelante!
"Llevas 1 Error"

No te desanimes que llevas muy bien tu examen! lo necesario para aprobar este examen. Recuerda! Al sobrevolar OM, justo antes de llegar al MAP, el ATC nos informa que las condiciones del viento han cambiado drásticamente y que la pista en uso ahora es la 17. Aquí debemos tomar una decisión, ya que al llegar al MAP ya no habrá mas tiempo! Analiza la carta N°7, la meteorología, las posibles alternativas y cuéntame como seguiremos...

Opción 1: Continuaremos con la carta según lo planificado, al llegar a los 800FT, detenemos el descenso y realizamos un circuito visual (inicial, básica y final) al oeste de la pista 17-35 para lograr aterrizar en la pista 17 con viento de frente. ***Sigue en la pagina 129.***

Opción 2: Continuaremos con la carta según lo planificado, al llegar a los 900FT, detenemos el descenso y realizamos un circuito visual (inicial, básica y final) al este de la pista 17-35 para lograr mantener la pista 17 siempre a nuestra izquierda, tal como deben realizarse todos los circuitos visuales. ***Sigue en la pagina 121.***

Opción 3: Continuamos con la aproximación hasta el MAP esperando que las condiciones mejoren, en el caso de que esto no suceda, realizaremos una aproximación frustrada. No podemos realizar un circuito visual en condiciones IFR ya que afectaría la seguridad del vuelo. ***Sigue en la pagina 152.***

Excelente Respuesta!

Así se hace! Sabia que tomarías la decisión correcta. Es hora de despegar!

- - - Avión en Vuelo - - -

Hemos llegado a GBE, justo el ingreso al TMA BAIRES. El control nos informa que las condiciones meteorológicas siguen adversas, por lo que deberemos aterrizar en el aeropuerto de EZEIZA (SAEZ). Para ello, recibimos la instrucción de volar directo a la posición GESTA y realizar la carta de aproximación N°7 (ver página 084), teniendo en cuenta que el VOR EZE y el GS de la pista 35 se encuentran inoperativos. Es hora de ver la carta y hacer un "Briefing". Cuéntame los puntos mas importantes de esta aproximación...

Opción 1: Considerando que el VOR esta fuera de servicio y que no tendremos lectura de distancias DME, no podremos realizar la carta y debemos solicitar al ATC otra carta o bien "Vector Radar" para la aproximación. ***Sigue en la pagina 148.***

Opción 2: Curso final 351°, DA 267FT, MSA 3000FT, espera sobre GESTA (R171EZE D17.5 FL050), DME requerido y mínimos de visibilidad de 800Mts. ***Sigue en la pagina 132.***

Opción 3: Para esta aproximación requerimos el localizador y el DME. Posee una espera en el R008GBE a D15.7NM de EZ. Tiene una altitud recomendada de 1310FT en OM y la altura de decisión es de 200FT. ***Sigue en la pagina 139.***

Sigamos Adelante!

"Llevas 1 Error"

No te desanimes que llevas muy bien tu examen! Ya estamos próximos a llegar al MAP y ha salido el nuevo informe meteorológico, seleccionamos el ATIS y describe lo siguiente:

SABE 120900 270/05 4000 FGRA OVC 009 12/12

TAF SABE 030800Z 0309/0409 27005KT 2000 TSRA

Aquí debemos tomar una decisión urgente ya que nos aproximamos al MAP y debemos decidir si continuamos con el aterrizaje o discontinuamos la aproximación para nos dirigimos a la alternativa. Recuerda que nuestro equipo de ILS presentó fallas en SAEZ por lo cual no es confiable su operación. Es hora de asumir el liderazgo. Cuéntame como seguiremos:

Opción 1: En el MAP, continuamos el escape publicado, viraje por derecha, ascenso a 3000 e interceptar el R113 FDO. Luego solicitamos una aproximación para la pista 13 donde sus mínimos son mas bajos y nos permitirán aterrizar. ***Sigue en la pagina 125.***

Opción 2: Al llegar al MAP, continuamos la aproximación frustrada publicada, viraje por derecha, ascenso a 3000 e interceptar el R113 FDO, luego solicitamos espera sobre ILM a FL050 hasta que las condiciones meteorológicas mejoren. ***Sigue en la pagina 121.***

Opción 3: Al llegar al MAP, continuamos la aproximación frustrada publicada, viraje por derecha, ascenso a 3000 e interceptar el R113 FDO. Posterior, volar a la alternativa. ***Sigue en la pagina 140.***

Respuesta Incorrecta!

"ES TU PRIMER ERROR"

No te alarmes, es tu primer error. Ya falta poco para finalizar y vienes muy bien, pero recuerda que ya no tienes mas errores permitidos para lo que resta de tu examen!

Repasemos este extracto de la carta N°7 donde figura el procedimiento de circulación visual para la pista opuesta. Para tal procedimiento se debe respetar una altitud mínima de 800FT y según se describe se debe realizar una circulación visual al oeste de la pista 17-35, es decir un circuito visual por el oeste del eje de pista. No olvides que para realizar estos procedimientos debemos tener contacto visual con el terreno durante todo el tiempo.

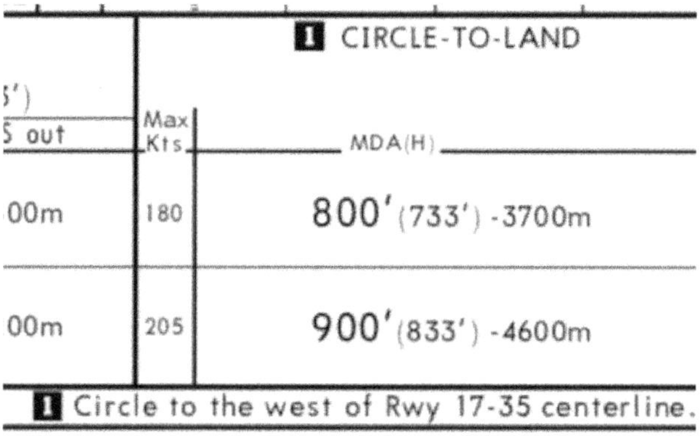

Muy bien, hemos aprendido algo. Que este error nos sirva de lección. Mantén la calma y continuemos con tu examen!

Este es tu última oportunidad. Sigue en la pagina 156

Excelente Respuesta!

Bien Hecho! Ya estamos terminando tu examen, solo algunos temas más. Continuemos con la aproximación. Considerando que dominas el vuelo IFR, que opinas si practicamos algo de comunicaciones en ingles?. Hemos pasado el FAF de la carta N°10. Ya veo las luces de la pista y el PAPI pero aún no distingo el asfalto ni las líneas centrales blancas, por lo cual, no tengo la certeza de que sea la pista correcta. De todos modos seguramente tu puedas tener una mejor perspectiva, hoy tu eres el capitán! Informa al control sobre esta situación y recuerda que debes hacerlo en inglés. Ante toda comunicación siempre deberemos esperar una respuesta por parte del receptor, aquí se genera un proceso de comunicación. Cuéntame cual de ellos es el correcto y luego aterricemos el avión para finalizar tu examen. Recuerda que seguiremos con las comunicaciones en inglés hasta apagar el motor.

Opción 1: Piloto: Ezeiza Tower, LV-TEC, runway 29 insight. ATC: LV-TEC, clear to land. ***Sigue en la pagina 144.***

Opción 2: Piloto: Ezeiza Tower, LV-TEC, runway insight. ATC: LV-TEC, clear to land runway 29. ***Sigue en la pagina 118.***

Opción 3: Piloto: Ezeiza Tower, LV-TEC, runway light insight. ATC: LV-TEC, continue approaching, report runway 29 insight. ***Sigue en la pagina 156.***

Sigamos Adelante!

"Llevas 1 Error"

Esta es la ultima consigna! Hemos aterrizado nuestro avión en un tercio de pista según el calculo de "Landing Distance". Evaluemos el ultimo punto y finalicemos este exitoso examen. El ATC nos informa lo siguiente: **ATC:** ***LV-TEC, landed 1340, take the next on your right, report runway vacated and contact ground for further instructions. CAUTION, WIP taxiway G between D-C.*** Rodaremos hasta la plataforma de carga, cuéntame que ha informado el ATC y como llegaremos hasta nuestra posición. (ver página 087).

Opción 1: El ATC informa que hemos aterrizado en 1340Mts, que debemos desalojar pista por una de las salidas siguientes a la derecha, notificando al abandonar pista. Para llegar hasta la plataforma de carga, podemos tomar cualquiera de las calles G, E o F y luego comercial hasta cargas. ***Sigue en la pagina 152.***

Opción 2: El ATC informa la hora actual, solicita salir por la próxima calle a la derecha, notificando cuando ingresemos a la calle de rodaje y anuncia PRECAUCION para el rodaje por trabajo en progreso en las mencionadas calles. ***Sigue en la pagina 121.***

Opción 3: El ATC informa que hemos aterrizado a las 13:40hs, que debemos desalojar pista por la siguiente salida a nuestra derecha y debemos notificar al dejar la pista libre. Para llegar hasta la plataforma de carga, debemos tomar las calles G, D y plataforma comercial hasta cargas. ***Sigue en la pagina 167.***

Sigamos Adelante!
"Llevas 1 Error"

No te desanimes que llevas muy bien tu examen! Continuemos con la aproximación. Considerando que dominas el vuelo IFR, que opinas si practicamos algo de comunicaciones en ingles?. Hemos pasado el FAF de la carta N°10. Ya veo las luces de la pista y el PAPI pero aun no distingo el asfalto ni las líneas centrales blancas, por lo cual no tengo la certeza de que sea la pista correcta. De todos modos seguramente tu puedas tener una mejor perspectiva, hoy tu eres el capitán! Informa al control sobre esta situación y recuerda que debes hacerlo en ingles. Ante toda comunicación siempre deberemos esperar una respuesta por parte del receptor, aquí se genera un proceso de comunicación. Cuéntame cual de ellos es el correcto y luego aterricemos el avión para finalizar tu examen. Recuerda que seguiremos con las comunicaciones en ingles hasta apagar el motor.

Opción 1: Piloto: Ezeiza Tower, LV-TEC, runway 29 insight. ATC: LV-TEC, clear to land. ***Sigue en la pagina 121.***

Opción 2: Piloto: Ezeiza Tower, LV-TEC, runway insight. ATC: LV-TEC, clear to land runway 29. ***Sigue en la pagina 161.***

Opción 3: Piloto: Ezeiza Tower, LV-TEC, runway light insight. ATC: LV-TEC, continue approaching, report runway 29 insight. ***Sigue en la pagina 150.***

Respuesta Incorrecta!

"ES TU PRIMER ERROR"

No te alarmes, es tu primer error. Ya falta poco para finalizar y vienes muy bien, pero recuerda que ya no tienes mas errores permitidos para lo que resta de tu examen! Repasemos ahora la instrucción del control:

ATC: ***LV-TEC, landed 1340*** o aterrizado a las 13:40hs, ***take the next on your right*** o tome la próxima salida a su derecha, ***report runway vacated and contact ground for further instructions*** o reporte cuando la pista quede libre y contacte al control de superficie para futuras instrucciones. ***CAUTION, WIP taxiway G between D-C*** o CUIDADO "Work in progress" trabajo en progreso en la calle G entre las calles D y C.

Si bien las instrucciones a veces pueden confundir un poco, todo se hace mas claro si podemos seguir a las mismas en la carta del aeropuerto para facilitar el entendimiento de lo que nos están describiendo, en el caso de las calles de rodajes. Recuerda que existen aeropuertos con decenas de calles de rodajes, haciendo sus operaciones en tierra realmente complejas!

Muy bien, hemos aprendido algo. Que este error nos sirva de lección. Mantén la calma y continuemos con tu examen!

Este es tu última oportunidad. Sigue en la pagina 167

FELICITACIONES Colega!

Tu examen ha finalizado con gran éxito. Has logrado llegar al final y sin cometer errores, lo cual merece mi total reconocimiento a tu esfuerzo y capacidad como Piloto al mando. Será un verdadero honor compartir cabina si es que la aviación nos vuelve a cruzar. Aquí te entrego tu diploma de **Piloto Comercial de Avión**. Se que lo portarás con orgullo y respeto a nuestra hermosa profesión. Recuerda que el estudio constante hace a cada piloto, cada día mejor! Buena Suerte!

Capt. Thómas!

FELICITACIONES Colega!

Tu examen ha finalizado. Has logrado llegar al final y aunque has cometido un error, has mostrado poseer las capacidades suficientes para volar como Piloto al mando. Será un verdadero honor compartir cabina si es que la aviación nos vuelve a cruzar. Aquí te entrego tu diploma de **Piloto Comercial de Avión**. Se que lo portarás con orgullo y respeto a nuestra hermosa profesión. Recuerda que el estudio constante hace a cada piloto, cada día mejor!

Buena Suerte!

Capt. Thómas!

Aviation Bookstore
aviation step by step

www.ingramcontent.com/pod-product-compliance
Lightning Source LLC
LaVergne TN
LVHW071742071126
851857LV00045B/2057